**Gebrauchsanweisung
für Pferde**

Juli Zeh

Gebrauchsanweisung
für Pferde

PIPER

Mehr über unsere Autoren und Bücher:
www.piper.de

ISBN 978-3-492-27739-6
4. Auflage 2019
© Piper Verlag GmbH, München 2019
Satz: Fotosatz Amann, Memmingen
Druck und Bindung: CPI books GmbH, Leck
Printed in the EU

Für Neo und David
und für eine Wildlederjacke

Inhalt

Statt eines Vorworts:
Über Pferdeliebe

Das höchste Glück der Erde liegt auf dem Rücken der Pferde.

Als Kinder schrieben meine Freundinnen und ich uns diesen Satz gegenseitig in die Poesiealben. Und wir meinten ihn ernst. Wort für Wort.

Ich war ein echtes Pferdemädchen. Eines jener obsessiven Geschöpfe, die jede freie Minute im Reitstall verbringen. Die ihre Zimmer mit Pferdepostern tapezieren, ständig Pferdebücher lesen und ihre Schulhefte mit Pferdeköpfen vollkritzeln. Pferdemädchen – jeder kennt sie, keiner liebt sie. Vor allem Jungs verziehen abschätzig das Gesicht: Pferde sind doch totaler Mädchenkram! Und, Hand aufs Herz: Ist nicht alles, was Mädchen gerne tun, ein bisschen peinlich, Emanzipation hin oder her?

Glücklicherweise sind Pferdemädchen so sehr von ihrer Besessenheit in Anspruch genommen, dass sie sich für die

Meinung anderer zu ihrem Hobby nicht sonderlich interessieren. Jedenfalls kann ich mich nicht erinnern, dass wir uns die Neckereien der Mitschüler zu Herzen genommen hätten. Wir sagten zueinander: »Die sind doch nur neidisch!« Damals dachte ich: auf uns. Weil wir etwas hatten, das uns wirklich wichtig war. Heute weiß ich: vielleicht doch eher auf die Pferde.

Pferdeliebe ist ein Faszinosum, auch für jene, die ihr nicht verfallen sind. Von Zeit zu Zeit erscheinen Studien, die ergründen wollen, was dahintersteckt. Wie kann es sein, dass ein Mensch schon in jungen Jahren derartig für etwas brennt? Dass er bereit ist, sein gesamtes Taschengeld zu opfern, dass er morgens Zeitungen austrägt und abends Rasen mäht, um sich einmal pro Woche eine zusätzliche Reitstunde leisten zu können? Und warum befällt das Pferdevirus vor allem weibliche Wesen?

Fest steht, dass Pferdemädchen viel weniger mädchenhaft sind, als das Klischee behauptet. Sie haben wenig zu tun mit Anna und Elsa, Barbie oder »Friends«. Ihre bevorzugten Farben sind nicht Pink und Lila, sondern Staubgrau, Strohgelb und Matschbraun. Sie verbringen ihre Zeit nicht damit, glitzernde Plastikponymähnen zu Zöpfen zu flechten. Im Gegenteil, sie sind Kämpfernaturen. Egal ob Regen, Wind, Gluthitze oder Schnee – man trifft sie auf Reitplatz, Koppel oder im Gelände an. Sie haben keine Angst, sich schmutzig zu machen, sie wissen, wie man mit Schaufel und Mistforke umgeht, und vielleicht sogar, wie man einen Traktor fährt. In den Sommerferien verrichten sie stundenlang harte körperliche Arbeit, in der vagen Hoffnung, am Nachmittag eins der Spitzenpferde des Stallbetreibers trockenreiten zu dürfen. Wenn es darum geht, in der Reitstunde das beste Schulpferd zu ergattern, beißen sie gnadenlos Konkurrentinnen weg. Nach einem noch so spektakulären Sturz in den Sand erheben sie sich taumelnd, klopfen sich die Klamotten ab und klettern zurück aufs Pferd, denn eine der wichtigsten Reiterregeln lautet: Wer runtergefallen ist, muss sofort wieder rauf.

Reiten ist ein Sport mit militärischen Wurzeln. Ein Rest von soldatischem Geist wirkt bis heute nach. Man merkt es noch am teilweise recht rauen Umgangston auf den Reitanlagen. Auch an den Kleidungsvorschriften auf Turnieren und daran, was viele Reiter und Reiterinnen von sich selbst erwarten: Disziplin, Einsatzbereitschaft und Härte. Auch zählt Reiten zu den gefährlichsten Sportarten. Gerade am Anfang fällt man häufig runter. Das ist gewiss nichts für Heulsusen.

Umso absurder, dass trotzdem versucht wird, Pferdeliebe mit latent sexistischen Motiven zu erklären. Dann heißt es, junge Frauen übten mit dem Pferd für das Verliebtsein in den ersten Mann. Gleichzeitig trainierten sie schon mal den Brutpflegeinstinkt. Und hat die Sache mit diesen kraftstrotzenden Riesentieren, auf denen man rittlings sitzt, nicht am Ende auch eine sexuelle Komponente?

Anscheinend ist es noch immer unvorstellbar, dass irgendetwas, wofür Mädchen sich begeistern, *nichts* mit

Kinderzeugen, Kinderkriegen oder Kinderpflegen zu tun haben könnte.

Als Argument für solche degradierenden Deutungen wird gelegentlich angeführt, die meisten Mädchen würden ihr Hobby an den Nagel hängen, sobald sie alt genug für den ersten »richtigen« Freund seien. Als ob das irgendetwas bewiese! Gewiss, manche Mädchen verlieren ihr Hobby mit Beginn der Pubertät aus den Augen. Aber das gilt ebenso für Jungs, die mit dem Fußballspielen aufhören, wenn sie sechzehn sind. Solche Beobachtungen erklären gar nichts. Vor allem nicht, warum Pferdeliebe eine so herausragende, ja lebensverändernde Kraft entfalten kann.

Ich kann nicht mit statistischen Daten aufwarten, aber mein Eindruck ist, dass Pferdebegeisterung sogar häufiger das Erwachsenwerden überdauert als die Freude an anderen Sportarten. Viele Menschen beginnen als Kind mit dem Reiten und bleiben ein Leben lang dabei. Bei anderen erwacht die Pferdeliebe zu einem späteren Zeitpunkt im Leben erneut. Oder sie werden überhaupt erst als Erwachsene mit dem Pferdevirus infiziert. Nach Schätzungen der Deutschen Reiterlichen Vereinigung (FN) leben rund vier Millionen erwachsener Reiter in Deutschland. Vier Millionen! Davon 78 Prozent Frauen. Und 1,3 Millionen Pferde beiderlei Geschlechts. Innerhalb des Deutschen Olympischen Sportbunds rangiert die FN mit knapp 700 000 Mitgliedern immerhin an achter Stelle.

Soweit die Fakten. Reiten ist also eine Sportart, die sich großer Beliebtheit erfreut, vor allem bei Frauen. Ende der Geschichte? Nein. Denn Reiten ist mehr als ein Sport. Ich würde sogar sagen, dass der sportliche Aspekt den kleinsten Teil der Mensch-Pferd-Beziehung ausmacht, ganz egal, wie viel der gemeinsamen Zeit man im Sattel verbringt. Der Rest ist … Pferdeverrücktheit eben.

Natürlich gibt es auch tennisverrückte, fahrradverrückte oder trampolinverrückte Sportler. Irgendwie ist das aber nicht dasselbe. Reiten involviert ein Tier. Allein das begründet eine Sonderstellung unter allen anderen Sportarten. Pferde sind die einzigen vierbeinigen Sportler, die zu den Olympischen Spielen fahren. Sportler, nicht Sportgeräte, wohlbemerkt.

Es gibt noch einen weiteren Unterschied, diffuser und zugleich substanzieller. Reiten ist eine Geschichte, die vom Glück handelt. »Das höchste Glück im All steckt in einem Ball.« – Dieser Satz steht in keinem Poesiealbum der Welt. Bei anderen Sportarten geht es um Spaß, Fitness, Teamgeist oder Ehrgeiz – aber nicht gleich um Glück. Wenn es in den meisten Fällen nicht einmal Wohlstand oder Liebe schaffen, die Menschen glücklich zu machen, wie soll das dann einer Freizeitbeschäftigung gelingen?

Und doch hat das Sprichwort recht. Als ehemaliges Pferdemädchen weiß ich, wovon ich spreche. Ich kenne den Glücksmoment, wenn man das Lieblingspferd selbst von der Koppel holen darf. Die Seligkeit, sich mit dem Tier zu beschäftigen, es zu füttern, zu putzen. Zu hören, wie es Heu kaut. Den warmen, gewaltigen, friedlichen Leib unter den Händen zu spüren. Seinen Geruch einzuatmen. Vielleicht sogar zu reiten, wenn der Geldbeutel oder die Gnade des Reitlehrers es zulassen. Ein Tennisschläger oder ein Fahrrad müssen gut funktionieren. Auch ein Pferd soll irgendwie funktionieren. Aber vor allem soll es seinen Menschen glücklich machen.

Viel Schönes, aber auch viel Schreckliches, das in der Reiterwelt geschieht, geht auf diesen erstaunlichen Anspruch zurück. Pferde*liebe* darf man wörtlich nehmen. Das Pferd ist ein Glücksversprechen. Nicht weniger als das.

Mich hat das Pferdevirus niemals wieder verlassen. Während des Studiums hatte ich weder Geld noch Gelegenheit zum Reiten, aber später sind die Pferde dann zu mir zurückgekehrt. Heute bin ich eine Pferdefrau par excellence. Eine von der Sorte, die mehr Zeit mit den Viechern als mit Arbeiten verbringt. Die ständig Dreck unter den Fingernägeln hat. Die am Esstisch Sätze sagt wie: »Solange Kasimir sich dermaßen aufs Gebiss legt, sitzt er weder reell auf dem Hinterbein, noch kriegt er die Schulter frei. Da brauchen wir mit den fliegenden Wechseln gar nicht erst anzufangen.« Die Familie nickt dann und sagt: »Aha.« Das Glück des Pferdemenschen besteht offensichtlich nicht darin, von anderen verstanden zu werden. Aber worin dann?

Über die Geschichte von Mensch und Pferd ist erstaunlich wenig bekannt. Aktuelle Forschungen vermuten, dass das Pferd vor über 5000 Jahren domestiziert und zunächst zum Ziehen und Tragen von Lasten verwendet wurde. Aus dem Jahr 2800 v. Chr. stammen die ersten Hinweise auf den Einsatz als Reittier. Bedeutend wurde die Reiterei mit dem Kriegswesen. Aber auch im zivilen Bereich ist das Pferd aus der Kulturgeschichte des Menschen nicht wegzudenken. Landwirtschaft, Handel, Mobilität – ohne Pferde wären wir nicht, wer wir heute sind.

Aber reicht das aus, um zu erklären, warum mich manchmal die Freude wie ein Stromstoß durchfährt, wenn ich meinen Pferden auf der Koppel beim Herumtoben zusehe? Liegt das daran, dass ihre Vorfahren die Kutsche meiner Vorfahren gezogen haben? Wohl kaum.

Manche Pferdefreunde erklären ihre Liebe aus einem ästhetischen Blickwinkel. Pferde seien der tiergewordene Ausdruck von Schönheit. Kraftvoll, anmutig, elegant. Gewiss spielt Ästhetik in vielen Bereichen der Reiterei eine Rolle, besonders im Dressursport, wo es darum geht, Harmonie und Balance in der Bewegung sichtbar zu machen. Aber, Hand aufs Herz: Der Durchschnittsmensch ist kein Topmodel, und das Durchschnittspferd sieht nicht aus wie Dressurstar Damon Hill. Dicke Bäuche oder spitze Knochen, eher gemütliche oder zu hektische Bewegungsabläufe sind bei Pferden wie bei Menschen normal. Was uns bei Dreckwetter mit struppigem Fell und verschlammten Beinen auf der Koppel entgegenkommt, ist vielleicht niedlich, aber nicht unbedingt Schönheit in Vollendung. Sicher, Pferde haben weiche Nasen und sanfte Augen, aber die haben andere Pflanzenfresser auch.

Ich glaube, es ist weder die Kulturgeschichte noch ästhetisches Vergnügen, was unser Herz höher schlagen lässt, wenn wir an Boxentür oder Weidezaun treten. Es ist etwas Komplizierteres. Pferde sind eigentlich Wildtiere. Auch nach ein paar Tausend Jahren Zuchtgeschichte sind ihre Instinkte intakt. Anders als die meisten Hunde und Katzen wären sie jederzeit in der Lage, sich in freier Natur zu ernähren. Sie brauchen den Menschen nicht, um ihr Überleben zu sichern. Trotzdem sind sie bereit, mit uns und für uns zu arbeiten. Mehr als das, sie machen uns ein unglaubliches Angebot. Pferde bieten uns an, Teil ihrer Herde zu werden. Dann jedenfalls, wenn sie noch keine schlechten Erfahrungen mit Menschen gemacht haben.

Nach vierzig Jahren Reitsport berührt mich dieses Phänomen immer noch tief. Anscheinend gibt es einen wundersamen Wunsch nach Kontakt zwischen Mensch und Tier. Und zwar nicht nur in uns, sondern auch auf Seiten des Tiers. Da möchten zwei Spezies, die von Natur aus keine gemeinsame Sprache sprechen, eine Verbindung eingehen. Obwohl sie in völlig unterschiedlichen Welten leben und sogar Fressfeinde sind. In den engstehenden Augen und zielstrebigen Bewegungen des Menschen erkennen Pferde zutreffend den Fleischfresser und Jäger. Sie selbst sind Pflanzenfresser und ewig begehrte Beute. Trotzdem machen sie uns dieses unfassbar noble Angebot. Das rührt eine Saite am Grund unseres Wesens. Wer ihren Klang einmal vernommen hat, wird ihn nicht mehr vergessen.

So sehe ich es vor meinem geistigen Auge: Das Pferd steht am Rand der Wildnis, der Mensch an der Schwelle der Zivilisation. Beide sind einen kleinen Schritt herausgetreten aus ihrem jeweiligen Bereich. Zwei Diplomaten, der eine aus dem Reich der Tiere, der andere aus der Menschenwelt. Sie schließen einen Pakt. Ein Bündnis, das für Augenblicke den Riss heilt, der durch die Welt läuft, seit der Mensch beschlossen hat, nicht mehr zur Natur zu gehören. Machet euch die Erde untertan: Wir Menschen haben viel daran gesetzt, uns zum Gegenteil der restlichen Schöpfung zu machen. Eroberer, Herrscher, Zerstörer, vielleicht auch mal Beschützer und Bewahrer, aber bitte kein Teil davon. Dem Pferd ist das egal. Es kommt einfach näher und versucht es mit Kommunikation.

Es geht also um Beziehung. Um das Wunder einer Verbindung über alle Barrieren hinweg. Wenn man eine Erklärung für geschlechtsspezifische Unterschiede sucht, also eine Antwort auf die Frage, warum mehr als drei Viertel aller Reiter Frauen sind, seit das Pferd nicht mehr als Kriegsgerät- oder Fortbewegungsmittel herhalten muss, findet man sie vielleicht am ehesten hier: weil sich auch in der modernen Welt vor allem Frauen für Kommunikation und Beziehungsarbeit interessieren.

Wenn ich von einem solchen Bündnis zwischen Mensch und Pferd spreche, hat das übrigens nichts mit Fury, Black

Beauty oder Ostwind zu tun. Die meisten Pferde in Büchern und Filmen kommen auf jeden Pfiff angerannt und sind mindestens so intelligent wie ihre jeweiligen Bezugspersonen. Auch ich habe als Jugendliche solche Geschichten verschlungen. Aber sie zeichnen natürlich ein völlig falsches Bild.

Wenn Pferde in der Literatur auftauchen, folgt die Handlung meist einem festen Muster. Anfangs ist das Pferd wild und lässt sich kaum anfassen. Entweder hat es ein Trauma erlitten, oder es stammt als Mustang direkt aus der Natur. Dann taucht ein junger Mensch auf, Mädchen oder Junge, in den sich das Pferd auf den ersten Blick verliebt. Und umgekehrt. Ab diesem Moment beginnt das Pferd, sich wie ein Mensch oder wenigstens wie ein Hund zu verhalten. Es versteht alles und kann alles. Meistens erhält es keine sportliche Grundausbildung und wird trotzdem von seinem Lieblingsmenschen geritten, einfach, weil es beschlossen hat, ein Reitpferd zu sein. Vielleicht gewinnt es am Ende noch ein Rennen oder ein Turnier.

Man kann das als üblichen Hollywood- oder Jugendbuch-Kitsch abtun, der keine weitere Beachtung verdient. Das Problem ist aber, dass solche Geschichten den real existierenden Pferden schaden. Sie spannen einen Erwartungshorizont auf, der nicht nur das Denken von Laien, sondern durchaus auch das von erfahrenen Pferdemenschen bestimmt.

Aus der Fury-Perspektive ist die Vermenschlichung des Pferds eine Bedingung für den erfolgreichen Umgang miteinander. Man höre nur einmal zu, wie Pferdebesitzer auf der Stallgasse über ihre Tiere reden! »Cayenne wollte mich heute mal wieder richtig ärgern.« – »Dario ist sauer, weil ich die ganze Woche nicht bei ihm war.« – »Auf dem Turnier habe ich gemerkt, dass Mylord unbedingt gewinnen will.« – »Pass auf, Carina führt etwas im Schilde!« – »Shining ist gerade in der Trotzphase.«

Der Ostwind-Mythos verlangt vom Pferd, etwas zu werden, das es gar nicht ist. Die wundersame Metamorphose wird dann zur Voraussetzung für das gesamte Miteinander. Das Pferd wird gelobt und geliebt, wenn es sich (scheinbar) wie ein menschlicher Freund benimmt. Und es wird angeschrien oder sogar bestraft, wenn es seinen Menschen »enttäuscht«. Wenn Pferdebesitzer ausrasten, ihr Pferd mit Zügeln und Sporen traktieren oder sogar schlagen, geschieht das nicht aus Hass. Sondern aus gekränkter Liebe. Aus Enttäuschung über die »Undankbarkeit« des Pferdes, für das sie sich doch täglich ein Bein ausreißen. Oder aus Wut über »Ungehorsam« und »Bockigkeit«. Als wäre das Pferd ein kleines Kind.

Dabei sind das alles Begriffe, die auf Pferde überhaupt nicht passen. Ein Pferd folgt seinen Instinkten, es verhält sich stets logisch im Rahmen seines natürlichen Programms. Es kennt keine Bestrebungen, den Menschen durch sein Verhalten zu ärgern. Dass Menschen trotzdem so unkontrolliert auf vermeintliche Unarten reagieren, ist eine Folge der Vermenschlichung des Tiers. Sie nehmen das Misslingen im Umgang mit dem Pferd persönlich. Ihr Ego fühlt sich verletzt, das Pferd muss dafür büßen. Es soll seinen

Menschen doch verstehen und auf dessen Emotionen Rücksicht nehmen! Kein Pferd der Welt kann diese Erwartung erfüllen. Und die Folge von falschen Erwartungen ist stets große Ungerechtigkeit.

Der Topos des wilden Wesens, das durch pure Liebe gezähmt wird, übt große Faszination aus. Tatsächlich kann man Mustangs zähmen, sogar in erstaunlich kurzer Zeit und gänzlich ohne Gewalt. Allerdings spielt dabei weniger Liebe als vor allem sachkundiger Umgang eine Rolle. Man kann auch traumatisierte Pferde von ihren Ängsten heilen, wenn man weiß, wie es geht. Was aber am Ende einer solchen Annäherung steht, ist immer noch ein Pferd. Vielleicht wird es bereit sein, mit seinem Menschen zusammenzuarbeiten. Aber vermutlich wird es nicht angerannt kommen, wenn man pfeift.

In Filmen und Büchern müssen Pferde lernen, wie Menschen zu denken, um Freundschaft zwischen den Spezies zu ermöglichen. Im echten Leben ist es genau umgekehrt. Will man das Beziehungsangebot eines Pferds annehmen, muss man sich in Pferdesprache verständigen können. Wenigstens in Grundzügen. Pferdisch für Anfänger.

Wer das equine Kommunikationssystem beherrscht, kann selbst im Umgang mit vermeintlich schwierigen Pferden überraschende Erfolge erzielen. Manchmal schon nach wenigen Minuten Kontakt. Aus dieser Tatsache ist die Figur des Pferdeflüsterers entstanden. Ebenso wie die Idee vom Wildtier, das sich im Handumdrehen in einen besten Freund verwandelt.

Insofern ist Pferdeliebe ein zweischneidiges Schwert. Sie ist segensreich, solange und soweit es dem Menschen gelingt, sein Pferd ein Pferd sein zu lassen. Versucht er jedoch, bewusst oder unbewusst, das Pferd durch Zuneigung in etwas Menschliches zu verwandeln, so wie es gelegentlich im Märchen geschieht, wenn die Prinzessin den Frosch küsst, wird die Pferdeliebe zum Gift. Denn ein Pferd wird uns niemals zurücklieben, wie ein anderer Mensch es könnte. Es schuldet uns auch keine Dankbarkeit und keinen Gehorsam. Was es uns anbietet, ist sein Vertrauen, wenn wir uns konsequent und zuverlässig verhalten. Dann wird es eine dauerhafte Verbindung zu uns eingehen und zu erstaunlichen Leistungen bereit sein. Ganz sanft, ohne Druck. Nur, weil wir es von ihm verlangen.

Es ist immer schwierig, über Beziehungen zu sprechen. Schon in Bezug auf die Verbindung zwischen uns und anderen Menschen fehlen oft die Worte. Bekanntschaft, Freundschaft, Liebe – das sind nur Hinweisschilder, die auf etwas viel Größeres, Komplexeres verweisen, das in unseren Herzen liegt. Für »zwischenartliche« Beziehungen gibt es nicht einmal Begriffe. Wie heißt die Verbindung zwischen Pferd und Mensch? Interspezifische Symbiose? Artübergreifende Herdenmitgliedschaft? Homo-Equus-Relation?

Ganz egal, wie sie heißt, fest steht, dass sie glücklich macht. Mich jedenfalls. Je öfter ich Momente von Einklang mit den Tieren erlebe, von Harmonie zwischen zwei völlig unterschiedlichen Wesen, von wortloser Verständigung durch kleinste Signale, desto mehr möchte ich davon haben. Diese besondere Form des Gelingens macht süchtig. Deshalb bin ich bereit, viel Zeit, Kraft und Geld in eine Beschäftigung zu investieren, die mehr ist als ein Hobby oder ein Sport. Richtig verstandene Pferdeliebe ist eine Geisteshaltung, eine Lebenseinstellung. Sie besagt, dass es möglich ist, sich mit dem Fremden und Anderen zu verbinden. Und dass aus solchen Verbindungen tiefe Zufriedenheit resultiert.

Es ist schwierig, über Beziehungen zu *sprechen*. Genau deshalb müssen wir immer wieder davon *erzählen*. Um von einer besonderen, merkwürdigen, wunderschönen, manchmal auch gefährlichen Form von Liebe zu erzählen, deshalb schreibe ich dieses Buch. Und weil ich um Verständnis werben will. Eine Gebrauchsanweisung für Pferdemenschen. Und für Pferde, die von Menschen geliebt werden.

Pferdemädchen

Lichtbalken im Staubdunst der Reithalle, so massiv, als würden sie das Dach tragen. Das leise Schnauben der Schulpferde, die artig auf dem Hufschlag laufen. Das aggressive Summen der Fliegen, die immer wieder landen, egal, wie oft man sie verscheucht. Der typische, täglich aufs Neue elektrisierende Geruch nach Staub, Stroh und warmen Pferdekörpern. Das Gefühl von Schweiß auf der Haut, der beim Trocknen Salzkrusten und Schmutzränder hinterlässt. Der schmerzhafte, aber irgendwie auch befriedigende Muskelkater in den Armen, aktuell vom Aufschichten einer Ladung Heuquader. Gelegentlich gebellte Kommandos des Reitlehrers: »Rücken gerade, Hacken runter, Abteilung Teee-rab!« Er heißt Herr Hoffmann und läuft in der Bahnmitte mit einer Longierpeitsche herum, um die besonders energiesparenden Modelle unter den Schulpferden zum Trab zu bewegen.

Ich bin elf Jahre alt, sitze auf der Tribüne, trage Turnschuhe statt Reitstiefel und sehe bereits der dritten Reitstunde in Folge zu. Heute ist Donnerstag, nicht Dienstag.
Nur dienstags habe ich Reitstunde. Einmal pro Woche,
zwanzig D-Mark, mit Zehnerkarte fünfzehn. Mehr können
sich meine Eltern nicht leisten. Behaupten sie jedenfalls. Ich
verbringe trotzdem jeden Tag im Stall. Sommerferien, ein
endloses Meer aus Zeit. Wenn frühmorgens der Wecker
klingelt und ich kurz darauf das Haus verlasse, liegt der
Rest meiner Familie noch in den Betten. Ich radele
durch die stillen Straßen, raus aus der Stadt und bis zum
Kottenforst, an dessen Rand sich der Reitstall Blumenau
befindet. Wenn ich früh dort bin, kann ich dabei helfen,
die Pferde auf die Koppeln zu bringen. Will ich sicher-
stellen, dass ich mein Lieblingspferd Leroy führen darf,
muss ich als Erste vor Ort sein. Es kommen noch andere
Pferdemädchen in den Stall, und Leroy ist ein beliebtes
Pferd.

Sobald die Pferde draußen sind, werden Boxen ausgemis-
tet, Heu verteilt und die gefühlt kilometerlange Stallgasse
gefegt. Meistens gibt es noch Spezialaufträge, Heuquader
schichten, Sattelzeug putzen, Hindernisstangen streichen.
Wir Pferdemädchen drücken uns nicht vor der Arbeit, im
Gegenteil, wir reißen uns darum. Es ist nicht so, dass wir
etwas Konkretes dafür bekämen. Kein Geld, keine bestimmte Anzahl von Reitstunden. Eher erwerben wir vage
Anwartschaften. Auf irgendeine zusätzliche Beschäftigung
mit den Pferden. Das Lieblingspferd putzen. Den Anfän-

gern beim Satteln helfen. Ein Privatpferd trockenreiten. Ein Schulpferd longieren, das nicht im Unterricht gegangen ist. Letzteres ist schon eine Art Silberpokal. Der Goldpokal besteht in der kostenlosen Teilnahme an einem der Ausritte am Wochenende.

Leider gelingt es mir selten, einen der Hauptpreise zu ergattern. Dafür muss man nicht nur schuften, sondern auch den Reitlehrer anschleimen. Man muss Herrn Hoffmann mit ständigem Gebettel auf die Nerven gehen, immer wieder erzählen, wie viel man an dem Tag schon gearbeitet hat, und außerdem zulassen, dass er einen in die Oberarme zwickt. Das kann ich nicht. Herr Hoffmann riecht nicht gut, ist oft grob zu den Pferden und insgesamt ein ziemlich widerlicher Typ. Er beschimpft die Stallburschen und kriecht vor den Privatreitern, die meist erst am frühen Abend auf die Anlage kommen. Aber er ist ein echter Springreiter, also ein Wesen höherer Art. Wenn er ein Pferd durch den Parcours reitet oder am Wochenende auf den Anhänger treibt, um zu einem seiner Provinzturniere zu fahren, stehen wir Pferdemädchen am Zaun und sehen mit einer Mischung aus Anbetung und Abscheu zu.

In der Reitbahn bekommt eine Schülerin Leroy nicht in den Galopp. Ich kann meine Genugtuung nicht verhehlen. Als ein anderes Pferdemädchen sich zu mir beugt und flüstert: »Bei dir läuft er viel besser!«, durchflutet mich ein warmes Gefühl. Solche Momente sind selten und kostbar. Sie nähren die Illusion, dass es zwischen mir und Leroy eine besondere Verbindung gibt. Einen Draht. Dass er sich gut mit mir versteht, besser als mit den anderen. Natürlich ist das in Wahrheit nicht der Fall. Von Pferdekommunikation habe ich noch nicht die geringste Ahnung, und für Leroy bin ich vermutlich nur eine von vielen Belästigungen, aus denen sein Leben besteht.

Der korrekte Umgang mit Pferden ist nicht Teil des Unterrichts. Vermutlich weiß Herr Hoffmann selbst nicht, dass man mit Pferden nonverbal kommunizieren kann. Er bringt sie mit Druck, manchmal mit Gewalt zu dem, was er will. Das klappt mal besser und mal schlechter. An allem, was schiefgeht, ist immer das Pferd schuld. Wir Mädchen hingegen glauben, dass eine Verbindung zu den Pferden entsteht, wenn wir sie nur genug liebhaben. Dass diese Idee genauso falsch ist wie die von Herrn Hoffmann, käme uns niemals in den Sinn.

Unten in der Bahn beginnt der Reitlehrer zu brüllen, eine Reihe von Beleidigungen in Bezug auf Mädchen und Pferd. Dumme Gans, blöder Gaul. Leroys Reiterin sieht aus, als müsste sie gleich weinen. Ich hoffe inständig, dass Herr Hoffmann nicht zur Peitsche greift, um Leroy doch noch in den Galopp zu treiben. Gott sei Dank lässt er ab und wendet sich einem anderen Pferd zu. Auf der Tribüne macht sich Erleichterung breit. So sehr wir Pferdemädchen in Konkurrenz zueinander stehen, bilden wir doch eine Einheit, sobald einem Pferd eine Ungerechtigkeit widerfährt. Dann spüren wir, dass wir ein Team sind, geeint durch dieselben Vorstellungen, Wünsche und Träume.

Leider auch durch dieselbe Hilflosigkeit. Im Reitstall sind wir ein Nichts. Unsere Stimme besitzt keinerlei Gewicht. Selbst wenn Herr Hoffmann mit der Peitsche auf Leroy losgegangen wäre, hätten wir nichts dagegen unternehmen können. Nur Privatreiter, die für ihr Pferd im Monat ein paar Hundert D-Mark Boxenmiete zahlen, gelten im System des Reitstalls als Menschen. Umsonst schuftende Pferdemädchen und schlecht bezahlte Stallburschen werden im übertragenen Sinn, manchmal auch wortwörtlich mit Füßen getreten. Trotzdem käme ich nicht auf die Idee, mich zu beschweren oder gar die Lust zu verlieren. Dass ich auf der Tribüne sitzen und zusehen, dass ich mich im Stall aufhalten und mitarbeiten darf, ist für mich ein kostbares Privileg.

Wenn ich mir rückblickend das Pferdemädchenleben im Reitstall Blumenau vor Augen rufe, scheint es mir erstaunlich, mit welch unverbrüchlichem Willen ich damals schon an meiner Pferdeliebe festhielt. Dabei existierte keinerlei familiäre Vorprägung. Meine Eltern waren keine Reiter. Niemand in unserem Verwandten- und Bekanntenkreis hatte mit Pferden zu tun. Wir lebten in der Stadt, wo es keine Koppelzäune gab, hinter denen Ponys gestanden hätten. Kein Bauer ließ mich seine Kutschpferde pflegen oder schnell mal ohne Sattel auf den Rücken eines gutmütigen Haflingers springen. Pferde kannte ich höchstens aus Kinderbüchern, vielleicht noch aus dem Tierpark oder Zirkus. Was ich heute weiß, nämlich dass in der Verständigung mit Pferden ein kleines Wunder wohnt, habe ich als Kind niemals am eigenen Leib erfahren, höchstens in Form einer unerfüllten Sehnsucht.

Trotzdem besaß das Glücksversprechen von Anfang an Gültigkeit. Und genügend Kraft, um uns Pferdemädchen die täglichen Demütigungen im Stall gar nicht als solche empfinden zu lassen. Woher stammt eine so starke, unbeirrte Liebe? Vielleicht ist es eine Variation von Daseinsliebe in ihrer reinsten Form. Anscheinend bin ich mit der festen Überzeugung auf die Welt gekommen, dass es in meinem Leben um zwei Dinge gehen wird: Schreiben und Pferde. Mit beidem habe ich angefangen, sobald es nur möglich war.

Schon im Kindergartenalter muss ich meine Eltern mit dem Wunsch nach Pferdekontakt genervt haben, denn als ich sechs wurde, fuhr mich meine Mutter einmal die Woche zum Schönberg-Hof, wo ich mit Voltigieren begann. Voltigieren ist ein Sport, bei dem turnerische Übungen auf dem laufenden Pferd vollführt werden. Das Pferd trägt einen Gurt mit Griffen und bewegt sich an der Longe im Kreis um den Trainer herum. Es gibt Voltigieren auch als Leistungssport, aber sehr häufig dient es Anfängern als Vorbereitung aufs spätere Reiten.

An meine Voltigierlehrerin oder die anderen Kinder in der Gruppe kann ich mich nicht erinnern. Sehr genau erinnere ich mich allerdings an Caruso, das große weiße Pferd, das mit Engelsgeduld im Kreis lief, sowie an jede einzelne Übung, die wir damals einstudierten. Es ist, als wären die Bewegungsabläufe, die ich in diesen ersten

Monaten meiner Reiterbiografie erlernte, auf ewig in meinen Körper eingeschrieben. Noch heute, vierzig Jahre später, wissen meine Beine, wie es sich anfühlt, seitlich im Takt neben dem galoppierenden Pferd zu laufen, sich im richtigen Moment abzudrücken und mit viel Kraft und Geruckel auf den Pferderücken zu ziehen. Ich weiß noch, wie es ist, auf einem Knie zu balancieren, den Fußspann etwas schräg über die Kruppe gelegt, das andere Bein zur Fahne in die Luft gestreckt. Wie man sich an den Griffen festhält und dabei die federnden Ellbogen als Stoßdämpfer benutzt, um das Gleichgewicht nicht zu verlieren. Es kommt mir vor, als wäre ich immer noch in der Lage, auf dem galoppierenden Pferd in die Hocke zu gehen, die Zehenspitzen leicht unter den Gurt zu schieben, mit der Bewegung zu wippen, bis der Rhythmus gefunden ist, und dann mit ausgebreiteten Armen vorsichtig aufzustehen. Mein Körpergedächtnis ist präzise, als hätten die ersten Übungen auf dem Pferd ein unauslöschliches motorisches Programm in mich eingeschrieben.

Sobald ich nach Meinung der Trainerin weit genug war, begann ich, an den Reitstunden teilzunehmen. Das Voltigieren hatte Spaß gemacht, war aber letztlich nur eine Warteschleife für das Eigentliche gewesen. Ein Pferd als galoppierendes Turngerät war mir nicht genug. Ich wollte Richtung und Tempo bestimmen, mich ohne Longe gemeinsam mit dem Pferd durch den Raum bewegen.

Bis dorthin war es allerdings ein weiter Weg. Denn reiten lernen ist harte Arbeit. Es dauert Jahre, auch nur die Grundbegriffe zu erwerben, erst recht, wenn man auf eine mickrige Schulstunde pro Woche angewiesen ist.

An eine weitere Übung kann sich mein Körper erinnern, als hätte er sie gestern zum letzten Mal ausgeführt. Um den Transport zum Schönberg-Hof zu organisieren, wechselte sich meine Mutter mit einer Bekannten ab, deren Tochter mit mir gemeinsam das Reiten begonnen hatte. Alle zwei Wochen holte uns diese Bekannte mit ihrem Fiat 500 von der Schule ab. Wir Mädchen beherrschten das Kunststück, uns während der Fahrt auf der winzigen Rückbank umzuziehen, inmitten eines Gewirrs aus Reitstiefeln, Kappen, Jacken und Gerten. Die Choreografie aus Verrenkungen, Ausweichmanövern und gegenseitigen Hilfestellungen ist mir bis heute vertraut.

Lässt man jede Sentimentalität beiseite, waren die Schulbetriebe, in denen ich die ersten Jahre meines Reiterlebens verbrachte, eine ziemliche Katastrophe. Der Umgangston militärisch bis beleidigend, die Reitstunden ohne jede didaktische Grundlage. Jahrelang hörte ich die üblichen stereotypen Kommandos, »Schultern zurück, Hacken runter, Knie zu«, die mäßig witzigen Sprüche, »Lach doch mal, Reiten macht Spaß«, und versuchte 45 Minuten lang, ein Schulpferd, das in einer Abteilung hinter den anderen herlief, in die gewünschte Gangart zu bringen und vom Abkürzen der Ecken abzuhalten. Kein Reitlehrer hatte die Absicht, uns zu einem korrekten, ausbalancierten Sitz anzuleiten. Niemand erklärte uns die feinen Signale, genannt »Hilfen«, mit denen man sich vom Sattel aus mit dem

Pferd verständigt. Überhaupt kam nichts vor, was auch nur entfernt mit Mensch-Tier-Kommunikation zu tun gehabt hätte. Reiten war Draufsitzen und Nichtrunterfallen. Für Fortgeschrittene kam das Dominieren des Reittiers hinzu, notfalls mit Gerte und Sporen. Ein Unterricht, der den Namen kaum verdiente.

Schlimmer als alles andere war jedoch die Behandlung der Pferde. In mancher Hinsicht überschritt sie die Grenze zur Tierquälerei. Auf dem Schönberg-Hof pflegte man in den Achtzigerjahren noch Ständerhaltung, eine Unterbringungsform, die heute in den meisten Bundesländern durch Tierschutzgesetze verboten ist. Die Pferde standen nebeneinander in schmalen Abteilen, am Kopf angebunden, sodass sie sich weder drehen noch hinlegen konnten. Auf diese Weise eingepfercht, vegetierten sie 21 Stunden lang vor sich hin, bis sie an den Nachmittagen herausgezogen wurden, um in der Reithalle ihre öden Runden zu drehen. Kein Weidegang, keine Ausritte, keine Gymnastizierung, um die Pferdekörper für die Belastungen des Schulbetriebs fit zu halten. Ganz zu schweigen von Physiotherapie, korrekter Hufpflege, Zahnbehandlungen, passenden Sätteln oder ausgewogenem Futter. In der freien Natur sind Pferde als Pflanzenfresser mindestens sechzehn Stunden am Tag in Bewegung, um ihre Nahrungsaufnahme sicherzustellen. Als Herdentiere pflegen sie ein lebendiges Sozialleben mit viel Körperkontakt und Interaktion unter Artgenossen. Ständerhaltung war eine Quälerei, die die Pferde an Leib und Seele verkümmern ließ. Die meisten von ihnen schlichen mit erloschenem Blick durch den

Sand der Reitbahn; viele reagierten auf nichts mehr außer Reitlehrergebrüll und Peitschenknallen.

Erstaunlicherweise waren mir diese eklatanten Missstände als Kind überhaupt nicht bewusst. Der Reitstall war und blieb ein Sehnsuchtsort. Dass es den Pferdchen, die ich so sehr liebte, nicht gut gehen sollte, lag außerhalb meiner Vorstellungskraft. Außerdem fehlte mir natürlich eine Vergleichsbasis sowie jegliches Wissen über die Bedürfnisse eines Pferds. Die haltungsbedingten Neurosen der Tiere begriffen wir Kinder als Charaktereigenschaften. Tara war eben »faul«, Chico »bockig«, Susi »bissig«, sodass der Reitlehrer beim Satteln helfen musste. Mogli buckelte gelegentlich in der Halle, sodass niemand ihn reiten wollte. Mit meiner Freundin Claudia konnte ich mich ewig über die verschiedenen Pferdepersönlichkeiten unterhalten, sie miteinander vergleichen, auf kindliche Weise darüber fachsimpeln, wie man mit ihnen umzugehen habe. Hätte uns jemand gesagt, dass alle diese Pferde an psychischen Störungen und körperlichen Schmerzen litten – für uns wäre eine Welt zusammengebrochen. Erst als ich älter wurde, Bücher las, langsam anfing, meine Umwelt kritisch zu hinterfragen, bemerkte ich die Risse im Paradies.

Mit elf Jahren bat ich meine Eltern, die Reitanlage wechseln zu dürfen. Im kleineren, weniger schicken Reitstall Blumenau am Kottenforst war der Reitunterricht nicht besser und der Umgangston nicht freundlicher, aber die Pferde standen in Boxen, gingen wenigstens ein paar Stunden pro Tag auf die Koppel und hatten ihre kleinen Pflegerinnen, die sich nach besten Kräften um sie kümmerten. Außerdem war der Weg nicht ganz so weit wie zum Schönberg-Hof und ich inzwischen groß genug, um allein mit dem Fahrrad durch die Stadt zu fahren. Fortan war ich nicht mehr abhängig vom Bringdienst meiner Mutter. Nachmittage, Wochenenden, Ferien – jetzt konnte ich endlich jede freie Minute im Stall verbringen.

»Zügel aus der Hand kauen lassen!«, ruft Herr Hoffmann, und alle Pferde reißen die Köpfe nach unten, manche so heftig, dass ihre jungen Reiterinnen fast aus den Sätteln purzeln. Dass einige der Tiere auch gleich stehen bleiben, gibt Anlass für neues Geschrei. Ich halte mich bereit, von der Tribüne in die Bahn zu flitzen und Leroy zu übernehmen. Vielleicht hat seine Reiterin heute keine Lust mehr, ihn abzusatteln und zu versorgen. Dann kann ich das machen.

Tatsächlich rennt Leroys Reiterin gleich zu ihrer Mutter, noch immer den Tränen nah wegen des missglückten Unterrichts. Die wird niemals ein echtes Pferdemädchen. Nicht hart genug im Nehmen. Einen Anschiss von Herrn Hoffmann muss man wegstecken können, da gibt es noch ganz andere Sachen. Die wird eine Donnerstagsreiterin bleiben, die einmal die Woche vorbeigebracht wird, so wie sie mittwochs zum Ballett und freitags zur Klavierstunde geht, bis sie dann eines Tages gar nicht mehr kommt. Mir soll es recht sein, auf diese Weise gewinne ich eine halbe Stunde extra mit meinem Lieblingspferd.

Ich schnappe mir Leroys Zügel und führe ihn aus der Bahn. Ausgiebig putze ich ihn, kühle seine Beine mit Wasser. Sage ihm, dass er kein blöder Gaul ist, sondern ein schönes, liebes und kluges Tier. Stelle mir vor, er würde es genießen, von mir umsorgt zu werden. Auch wenn er in Wahrheit vielleicht nur an seine Box und ans Abendessen denkt.

Während ich sein Sattelzeug über die Stallgasse schleppe, träume ich davon, wie es wäre, wenn Leroy mir gehören würde. Ich würde seine Sachen nicht in die dreckige Schulbetriebssattelkammer bringen, sondern in die Sattelkammer der Privatreiter, wo es nach gefettetem Leder und neuen Schabracken riecht. Dort hätte ich einen Spind mit allen meinen Schätzen, weichen Bürsten, unverbogenen Hufkratzern, keine harten Metallstriegel, sondern solche aus weichem Gummi. Mein eigenes Pferd müsste nicht im Schulbetrieb laufen. Ich könnte es jederzeit aus der Box holen, um es zu putzen, zu reiten, mit ihm spazieren zu gehen. Es wäre das sauberste und bestgepflegte Pferd im ganzen Stall! Für Privatreiter, die ein solches Zauberwesen besitzen und dann nur abends schnell vorbeigehetzt kommen, den Sattel auf den schmutzigen Rücken werfen und kaum das Stroh aus dem Schweif zupfen, bevor sie ihr Tier in die Bahn zerren, habe ich kein Verständnis. Sie wissen ihr Glück überhaupt nicht zu schätzen, während in mir der Wunsch nach einem eigenen Pferd wie Feuer brennt. Wenn es nicht Leroy sein könnte, dann von mir aus auch ein winziges Shetlandpony oder ein uralter Rentner. Hauptsache Pferd. Zu diesem, stelle ich mir vor, hätte ich dann jene geheimnisvolle, beglückende Beziehung. Es würde wiehern, wenn es mich in der Stallgasse hörte. Ganz automatisch. Denn es wäre ja *meins*.

Der Traum vom eigenen Pferd

»Guten Morgen, ich bin eine gute Fee. Du hast …«

»Ein eigenes Pferd!«

»Wow, das ging schnell. Und der zweite Wunsch?«

»Was für ein zweiter Wunsch?«

»Du hast drei Wünsche frei. Das ist doch immer so.«

»Ah, okay. Lass mal sehen … Hm … Einen Sattel für das eigene Pferd.«

»Geht klar. Und als Drittes?«

»Puh, keine Ahnung. Kann ich den dritten Wunsch spenden?«

»Nein.«

»Dann … Dann nehme ich … Zehn Kilo Möhren?«

Ich war ein praktisch wunschlos glückliches Kind. Ich hatte eine Familie. Ein Obdach. Genug zu essen. Freunde. Gesundheit. Im Großen und Ganzen war ich mir meines Glücks sogar bewusst. Wäre da nicht diese eine Sache gewesen. Der Pferdefuß sozusagen. Ich besaß kein eigenes Pferd. Nicht mal eine Reitbeteiligung, also die Möglichkeit, das Pferd eines anderen gegen Bezahlung ein paar Mal in der Woche wie ein eigenes zu bewegen. Ich war komplett pferdlos, angewiesen auf Pferdemädchentum und Schulbetrieb.

Dabei gab es nichts auf der Welt, das ich mir so sehr wünschte. Vielleicht habe ich mir überhaupt nie wieder etwas so brennend gewünscht. Ohne Pferd war ich im Grunde nur ein halber Mensch. Mindestens fünfzig Prozent meiner Kraft, meiner Gedanken und Gefühle standen bereit, um sich rund um die Uhr einem großen, duftenden Vierbeiner zu widmen. Mangels Pferd konnte dieser Teil von mir keine Gestalt annehmen – außer in der Fantasie. Ich konnte Texte schreiben, in denen Mädchen Pferde besaßen. Ein schwacher Trost. Damals wusste ich ja noch nicht, was diese Form der Ersatzbefriedigung mit mir und meinem späteren Leben zu tun haben würde.

Mit sieben oder acht Jahren schrieb ich meine ersten Kurzgeschichten. Die Pferde darin gehörten Mädchen, die zwar anders hießen, aber genauso alt waren und genauso aussahen wie ich. In meinen Geschichten vollbrachten die Pferde Heldentaten. Oder sie verletzten sich, oder sie bekamen unter widrigen Umständen ein Fohlen. Mein zweiter unveröffentlichter Roman, mit dreizehn verfasst, handelt von Pegasa, einem fliegenden Pferd.

Manchmal frage ich mich, wie mein Leben weitergegangen wäre, wenn meine Eltern meinem Herzenswunsch nachgegeben hätten. Mal angenommen, ich hätte mit zwölf Jahren ein eigenes Pferd und sinnvollen Reitunterricht bekommen. Vermutlich wäre ich völlig in der Pferdewelt abgetaucht. Wahrscheinlich hätte ich neben der Tierbegeisterung auch sportlichen Ehrgeiz entwickelt, wäre an den Wochenenden auf Turniere gefahren, hätte vielleicht beschlossen, mein Hobby eines Tages zum Beruf zu machen. Bestimmt hätte ich Freundinnen gefunden, die ebenfalls Pferde besaßen. Vielleicht wäre die komplizierte und stressige Cliquenwirtschaft in der Schule dadurch weniger wichtig geworden. Vielleicht hätten meine schulischen Leistungen nachgelassen. Wahrscheinlich hätte ich große Teile der Pubertät verpasst, mich nicht jahrelang in unglückliche Verliebtheit hineingesteigert. Möglicherweise hätte ich sogar das familiäre Desaster und die Trennung meiner Eltern leichter genommen. Vielleicht wären mir Magersucht und Drogenexperimente erspart geblieben. Ich hätte etwas besessen, das mir allein gehört, nicht nur ein Tier, sondern eine eigene Welt, in der ich eine echte Rolle gespielt hätte. Bestimmt wäre meine Kindheit glücklicher verlaufen, abgeschottet in der Pferdewelt, imprägniert gegen emotionale Katastrophen durch die schlichten Gesetze von Pferdeliebe und sportlichem Leistungsstreben.

Aber dann wäre ich vermutlich niemals Schriftstellerin geworden. Ich hätte mich zu den Pferden statt in die Literatur geflüchtet. Hätte weder genug Leid noch genug Zeit gehabt, um auf obsessive Weise mit dem Schreiben zu beginnen. Vielleicht hätte es nicht so viele Themen gegeben, die ich schreibend verarbeiten musste.

Natürlich sind das reine Spekulationen. Ein Hätte-Wäre ohne echte Gültigkeit. Aber jeder erzählt sich eben seine eigene Geschichte, besonders, was Kindheit und Jugend betrifft. Dies hier ist meine: dass ich nur um den Preis eines versagten Herzenswunschs zu meiner Bestimmung gefunden habe.

Einerseits erschien mir die Idee ja selbst total vermessen. Niemand, den ich kannte, besaß ein eigenes Pferd. Kinder mit eigenen Pferden gab es nur in Büchern. In der echten Welt waren Pferdebesitzer erwachsen, parkten in den frühen Abendstunden ihre dicken Autos vor dem Reitstall und sahen durch uns Pferdemädchen hindurch, als wären wir Luft. Meist wurden wir dann bald nach Hause geschickt, denn Pferdebesitzer waren Wesen, denen man nicht im Weg stehen durfte. Höhere Vertreter der menschlichen Art.

Andererseits aber war mein Wunsch so stark, dass er sich selbst zu rechtfertigen schien. Wenn man etwas so unbedingt wollte, konnte es doch nicht falsch sein?

Je älter ich wurde, desto weniger begriff ich die Weigerung meiner Eltern, mir ein Pferd zu kaufen. In den Gesprächen darüber ging es vor allem ums Geld. In der Tat ist Pferdehaltung in nobler Umgebung damals wie heute sagenhaft teuer. Ich weiß nicht, was in den Achtzigerjahren eine Privatpferdebox in meiner Heimatstadt kostete. In der Nähe von Berlin zahlt man heutzutage bis zu 700 Euro im Monat für die Unterbringung eines Pferds. Aber mir kam es ja gar nicht auf die noble Umgebung an. Jedes

Stück Wiese am Rand eines Bauernhofs hätte mir gereicht. Ich wäre praktisch jede Entfernung mit dem Fahrrad gefahren, hätte alle Arbeiten selbst verrichtet und überhaupt das Unmögliche möglich gemacht, um bei meinem Pferd zu sein. Mit den Jahren hatte ich einiges über Pferdepflege gelernt. Ich traute mir die Selbstversorgung zu. Meine Eltern waren keine armen Leute. Unter diesen Bedingungen hätten wir uns ein Pferd leisten können.

Ganze Nachmittage verbrachte ich mit Taschenrechner am Schreibtisch und versuchte, sämtliche anfallenden Kosten halb zu errechnen, halb zu erraten. Ich erwog, wie viel ich mit Taschengeld, Weihnachts- und Geburtstagsgeschenken, Nebenjobs und Verwandtschaftshilfe zusammenkratzen könnte. Ich versuchte, herauszufinden, wie viel Vermögen man ansparen müsste, um ein Pferd von den Zinsen zu ernähren. Alle diese Berechnungen zeigte ich meinen Eltern. Ich erinnere mich, dass es einen Punkt gab, an dem sie ins Wanken gerieten. Für ein paar Tage dachten sie darüber nach, ob es möglich wäre, in der Nähe unseres Wohnorts eine Wiese zu pachten. Aber dann verwarfen sie den Gedanken wieder, ohne Angabe von Gründen.

Mir war längst klar geworden, dass es in Wahrheit um etwas anderes ging als Geld. Meine Eltern erkannten nicht, um welche Sorte Wunsch es sich handelte. Sie nahmen mich nicht ernst. Sie glaubten, ich würde mich vielleicht nicht ausreichend um das Tier kümmern. Der Verantwortung nicht gerecht werden. Nach einiger Zeit das Interesse verlieren. In die Pubertät kommen und Reiten plötzlich total peinlich finden. Aus Elternsicht sind das vermutlich nachvollziehbare Überlegungen. Aber mich machten sie fassungslos. Denn wie sollte ich die Qualität meines Herzenswunschs beweisen? Mir blieben nur endlos wiederholte Beteuerungen. Ich werde mich kümmern. Auf alle Fälle. Das müsst ihr mir glauben. Ich schwöre es! Aber der kleine Satz »Das sagst du *jetzt*« machte alles, was ich vorbringen konnte, zunichte. Die Zukunft wurde zum Belastungszeugen gegen mich. Dagegen kam ich nicht an. Am Ende blieb es beim »Nein«. Ein Urteilsspruch. In gewisser Weise schicksalsentscheidend.

Das fast eigene Pferd

Ein paar Jahre später, ich war gerade fünfzehn geworden, wurde ich plötzlich doch noch zu einer Art Privatreiterin. Durch Zufall erfuhr ich von einem jungen Pferd in einem anderen Stall, dessen Besitzer wenig Zeit hatte und deshalb eine Pflegerin suchte. Meine Mutter half mir, die Telefonnummer des Mannes herauszufinden. Hätte ich den Präsidenten der Vereinigten Staaten anrufen müssen, wäre ich vermutlich nicht aufgeregter gewesen. Trotzdem kam es nicht infrage, den Anruf vor sich herzuschieben. Was, wenn eine andere Pferdesüchtige schneller wäre?

Der Mann hieß Jörg und wollte geduzt werden, obwohl er dreimal so alt war wie ich. Er hatte tatsächlich zu wenig Zeit für sein Pferd und brauchte Hilfe. Er würde nichts zahlen, ich musste nichts zahlen, am Wochenende wollte er sein Reittier selbst benutzen, ansonsten sollte ich jeden Tag kommen und das Pferd bewegen. Fünf Minuten später lag der Hörer wieder auf der Gabel, und mir klingelten die

Ohren. Kein Probereiten, kein Kennenlernen, nichts. Nur ein Name und ein Standort: Sir Fantastic, Reitstall Pittekoven, erste Stallgasse, letzte Box vor der Sattelkammer links. Sattelschrank unverschlossen. Viel Spaß.

Mit diesen knappen Äußerungen endete meine Zeit auf der Anlage Blumenau. Auch meine Zeit als Tribünensitzerin und Schulpferdreiterin ging schlagartig zu Ende. Nie wieder würde ich eine Hindernisstange streichen, nie wieder fremde Boxen ausmisten oder Heuquader stapeln. Die Stallgasse würde ich nur noch fegen, um meinen eigenen Dreck zu beseitigen. Ich würde auch nie wieder mit anderen Mädchen um das beliebteste Schulpferd kämpfen. Denn auch meine Zeit mit Leroy war nun für immer vorbei.

All das war mir in diesem Augenblick kaum bewusst. Ich fühlte mich wie in einem seltsamen Traum. Eine unsichtbare Hand war aus dem Nichts gekommen, hatte mich aus der Gemeinschaft der Pferdemädchen herausgepflückt und auf den Olymp der Privatreiter gehoben. Irgendwie musste das ein Irrtum sein. Ich hatte keine Ahnung, was auf mich zukam.

Ich verabschiedete mich von niemandem. Herrn Hoffmann konnte ich nicht leiden, die anderen Pferdemädchen würden mich hassen, und einen Abschied von Leroy ertrug ich nicht einmal in Gedanken. Es ging nicht nur darum, ein Lieblingsschulpferd hinter sich zu lassen. Es war, als sollte ich meiner ganzen Kindheit Auf Wiedersehen sagen. Weil mich das Ganze restlos überforderte, tat ich einfach so, als wäre nichts Besonderes geschehen. Statt aufs Fahrrad zur Blumenau stieg ich anderntags in den Bus Richtung Meckenheim. Leroy war es vermutlich egal. Wahrscheinlich würde er nicht einmal merken, dass ich nicht mehr kam.

Der Reitstall Pittekoven, in dem das Pferd mit dem gewöhnungsbedürftigen Namen zu Hause war, lag auf der anderen Seite des Kottenforsts. Eine große, teure Anlage, dem Schönberg-Hof ähnlicher als der Blumenau. Endlos gondelte der Bus über die Dörfer. Ich war bereits eine knappe Stunde unterwegs und schon seit geraumer Zeit der einzige Fahrgast, als ich endlich am Rand einer Landstraße aussteigen durfte. Von hier aus galt es noch einen fünfzehnminütigen Fußmarsch zu bewältigen, Reitstiefel an den Füßen, Kappe unter dem Arm, ein paar Kilo Möhren im Rucksack auf dem Rücken. Bei schönem Wetter gut zu schaffen, bei strömendem Regen, wie er in dieser Gegend recht häufig fiel, ein ziemliches Problem. Aber daran dachte ich noch nicht. Ich dachte an Sir Fantastic. Wie er aussehen, wie er sich benehmen, ob ich mit ihm zurechtkommen würde? Als ich endlich die menschenleere Stallgasse betrat, war ich so nervös, dass ich am liebsten wieder umgekehrt wäre.

Voller Ehrfurcht schritt ich über den sauber gefegten Boden. Hinter den Gitterstäben der Boxen kaute edles Geblüt am Heu. Aus meiner Perspektive wirkten diese Pferde riesengroß. Das waren keine Ponys oder Quarter

Horses aus dem Schulbetrieb. Pittekoven betrieb einen Springstall, viele Turnierreiter stellten ihr »Material« hier unter. Mit jedem Schritt wuchs mein Unbehagen. Ich spürte genau, dass ich nicht hierher gehörte. Ich war keine Privatreiterin, ich hatte noch nie ein Privatpferd geritten. Ich war ein Pferdemädchen auf Höhenflug. Reitstiefel aus Gummi, Hosen mit Kniebesatz. Dazu die billige Kappe. Obwohl gerade niemand in der Nähe war, konnte ich die abschätzigen Blicke schon spüren. Man sah mir die Hochstaplerin an, als die ich mich in diesen bangen Augenblicken fühlte. Inständig hoffte ich, Sir Fantastic möge sich als etwas handlicher erweisen als seine Kollegen. Aber diese Hoffnung wurde enttäuscht. In der letzten Box links vor der Sattelkammer stand ein weiteres Riesentier, braun mit schwarzer Mähne, weißer Stern auf der Stirn, Heuhalme im Maulwinkel. Interessiert schaute er auf mich herunter. »Und wer bist du jetzt?«, schienen seine dunklen Augen zu fragen.

Ich traute mich nicht, die Boxentür zu öffnen. Durch die Gitterstäbe verfütterte ich einige meiner Möhren. Dann beschloss ich, erst einmal die Sattelkammer zu inspizieren. Was ich vorfand, übertraf meine kühnsten Träume. Sir Fantastics Lederzeug hing auf einem Sattelhalter an der Wand, das Namensschild daran war aus Messing. Die Sachen sahen nagelneu aus und rochen auch so. Bestimmt durfte niemals irgendein anderes Pferd diesen Sattel tragen, nicht wie im Schulbetrieb, wo Leroy meistens mit Bonnies Sattel geritten wurde, wenn der nicht gerade auf Hänschen lag. Auch Jörgs Schrank war neu und ziemlich groß, außerdem unverschlossen, wie er gesagt hatte. Das Innere wirkte wie eine Mischung aus Reitshop und Apotheke. Es gab nicht nur weiche Bürsten und unverbogene Hufkratzer, sondern auch Sommerdecken, Winterdecken, Fliegendecken und Abschwitzdecken, Gamaschen und Bandagen in verschiedenen Farben, dazu passende Schabracken, Gelpads, Lammfellpads, elegante Lederhalfter, verschiedene Gerten, eine karierte Reitweste sowie drei Bücher über Springreiten und Pferdehaltung. In den Fächern darüber lagerten Dosen und Tiegel in so großer Anzahl, dass ich mich einen Moment fragte, ob Sir Fantastic krank sein könnte, aber davon hatte Jörg nichts erwähnt. Magnesium, Vitamin B, Eisen, Selen, Tryptophan, Aminosäuren, Elektrolyte, verschiedene Kräutermischungen, Wärmesalbe, Kühlgel, Vitalpilze, diverse Globuli, Reiskeimöl, Bierhefe und Muschelextrakt. Neben dem Schrank standen Jörgs große Lederreitstiefel, die ebenfalls aussahen, als würden sie kaum benutzt.

Ich schaute die Stallgasse hinauf und hinunter. Noch immer kein Mensch zu sehen. Die Privatreiter würden erst abends kommen, und für Pferdemädchen war hier vermutlich der Zutritt verboten. Sir Fantastic hatte sein Heu aufgegessen und wetzte aus Langeweile die Zähne an den Gitterstäben. Ich sagte mir, dass es mein erster Tag sei und somit ganz normal, dass ich mich unsicher fühlte. Aber was zur Hölle sollte ich nun mit ihm anfangen? Putzen, satteln, eine Strickleiter befestigen und hinaufklettern? Das kam nicht infrage. Ich hatte Angst. Ich wusste kaum etwas über Sir Fantastic. Wenn er unter dem Sattel durchdrehte, würde er mich meterweit durch die Luft katapultieren. Aber genauso wenig konnte ich unverrichteter Dinge wieder abziehen. Am nächsten Tag wäre mein neues Pflegepferd ja immer noch groß und unbekannt. Ebenso wenig traute ich mich, jemanden um Hilfe zu bitten. Wenn Jörg davon erfuhr, würde er glauben, dass ich der Herausforderung nicht gewachsen war. Dann wäre ich meinen Job als Pflegerin gleich wieder los. Schließlich gab es genügend Mädchen, die für eine solche Aufgabe Schlange standen.

Am Telefon hatte Jörg gefragt, wie lang ich schon reite. »Acht Jahre«, hatte ich zutreffend geantwortet. In dem Fall werde es wohl keine Probleme geben, hatte er erwidert.

Ich brauchte etwas, das ich allein machen konnte. Und das professionell wirkte. Bei einer zweiten Inspektion des Sattelschranks fiel mein Blick auf eine säuberlich aufgerollte Longe. Das war es! Ich würde Sir Fantastic longieren. Auf diese Weise hatte er Bewegung, und ich konnte ihn ein bisschen kennenlernen, ohne gleich in den Sattel zu steigen. Im Reitstall Blumenau hatte ich gelegentlich das eine oder andere Schulpferd longiert. Ich kannte die Ausrüstung und wusste, wie man die Peitsche hielt. Etwas weiter hinten in Jörgs Schrank fand ich tatsächlich auch einen Longiergurt, der nagelneu roch und an dem kein einziges Pferdehaar zu finden war. Auch Dreieckszügel waren vorhanden. Also los.

Ich schnappte mir ein Halfter und kämpfte eine Weile mit der Boxentür, bis ich den Mechanismus begriffen hatte. Als die Tür aufging, trat Sir Fantastic zwei Schritte zur Seite und nahm den Kopf hoch. Keine Ahnung, wie groß sein Besitzer war, aber ich hatte keine Chance, dieses Tier zu halftern, solange sein Kopf zwei Meter über dem Boden schwebte. Ganz offensichtlich spielte Sir Fantastic dieses Spielchen nicht zum ersten Mal. Statt mich auf einen Kampf einzulassen, machte ich auf dem Absatz kehrt, entnahm meinem Rucksack ein paar Möhren und fütterte mein neues Pflegepferd mit der einen Hand, während ich ihm mit der anderen das Halfter überzog. Geschafft.

Ich führte ihn aus der Box und band ihn zum Putzen auf der Stallgasse an. Schnell wurde klar, dass Sir Fantastic nicht stillstehen konnte. Er tanzte hin und her, versuchte, mit ausgestrecktem Hals seine Pferdenachbarn zu beschnuppern, drehte und wendete sich, wie es ihm gefiel. Mein Zwerchfell zog sich zusammen. Das war etwas anderes als die trägen Schulpferde auf der Blumenau. Sir Fantastic war nicht nur größer und jünger, sondern offensichtlich auch ziemlich unerzogen. Ständig musste ich meine Füße vor ihm in Sicherheit bringen, um nicht getreten zu werden, und beim Hufeauskratzen zappelte er so stark mit dem Hinterbein, dass er mich fast zu Boden schleuderte. Ich entschied mich für eine Katzenwäsche, befestigte die Ausrüstung und ging mit Sir Fantastic die Stallgasse hinunter, an deren Ende der Eingang zur Reithalle lag. Sir Fantastic versuchte, mich zu überholen, er kannte den Weg. Mit einem Ruck an der Longe brachte ich ihn dazu, Abstand zu halten. Nach diesem kleinen Erfolg gelang mir ein tiefer Atemzug, der mich vor dem Erstickungstod rettete.

»Tür frei!«, rief ich vorschriftsmäßig am Tor, und prompt kam die Antwort »Ist frei!«, was bedeutete, dass sich noch mindestens ein weiteres Pferd in der Halle befand.

Tatsächlich trabte ein junger Mann auf einem großen Schimmel auf dem oberen Zirkel. Ich stemmte das Tor auf, ließ Sir Fantastic an mir vorbeitreten und war gerade dabei, das Tor möglichst geräuschlos wieder zu schließen, als erneut die Stimme des jungen Mannes erscholl.

»Was hast du denn vor?«, schnauzte er mich an.

Er hatte seinen Schimmel durchpariert, stand in der Mitte der Bahn und schaute mich grimmig an. Ich war so eingeschüchtert, dass ich nichts erwidern konnte. Wahrscheinlich sah ich aus, als würde ich gleich heulen, jedenfalls wurde sein Gesichtsausdruck etwas weicher.

»In der Halle wird nicht longiert«, erklärte er. »Der Longierzirkel befindet sich hinter Stallgasse drei direkt neben dem Springplatz.«

Ich schlich aus der Halle mit dem Gefühl, eine finale Niederlage erlitten zu haben. Ich wusste nicht, wo sich Stallgasse drei oder der Springplatz befanden. Ich hatte ein großes, fremdes, möglicherweise unkontrollierbares Pferd an der Hand. Langsam dämmerte mir, dass ich einen Fehler begangen hatte. Ich hätte mich mit Jörg treffen, mir die Anlage zeigen und die Stallregeln erklären lassen müssen. Er hätte mir Sir Fantastic vorstellen, vielleicht sogar vorreiten müssen, oder ich hätte unter seiner Aufsicht einen

Proberitt unternehmen können. Stattdessen hatte ich am Telefon »Alles klar« gesagt und war einfach hierhergefahren. Warum hatte Jörg seinerseits nicht auf einem Treffen bestanden? Warum war es ihm nicht in den Sinn gekommen, mich umfassend in meine neuen Aufgaben einzuweisen?

Alles in mir verlangte danach, Sir Fantastic zurück in die Box zu stellen und nach Hause zu fahren. Reiß dich zusammen, schrie ich mich in Gedanken an. Du wolltest ein Pflegepferd, jetzt hast du ein Pflegepferd. Mach das Beste daraus.

Ich führte Sir Fantastic die Stallgasse entlang in die andere Richtung. Als wir seine Box passiert hatten und er begriff, dass ich zum Ausgang wollte, stemmte er erst einmal die Beine in den Boden. Sein Kopf ragte turmhoch auf, die Ohren waren gespitzt, Augen und Nüstern geweitet. Ich zupfte an der Longe, redete ihm gut zu, gab mir Mühe, zugleich freundlich, ruhig und bestimmt aufzutreten, obwohl mein Herz wie eine Trommel hämmerte. Tatsächlich entschied er, mir zu folgen. Kaum unter freiem Himmel, begann er allerdings, an der Longe zu tänzeln. Er schnaubte wie ein Drache, drehte den Kopf in alle Richtungen, ich konnte sogar sehen, wie sein Herz gegen die Rippen schlug, genauso schnell wie meins. Mir war klar, dass ich ihn niemals halten könnte, wenn er beschließen sollte, das Weite zu suchen. Ich malte mir aus, wie er sich losreißen und in Panik über den Hof rasen würde, vielleicht stürzen, sich selbst oder andere verletzen. Beim bloßen Gedanken brach mir der Schweiß aus.

Mit einer gewaltigen inneren Kraftanstrengung drängte ich alle düsteren Vorstellungen zurück und schritt energisch voran. Sir Fantastic folgte widerstrebend. Gleich darauf entdeckte ich den Springplatz, direkt daneben das grüne Zeltdach des Longierzirkels. Durch einen glücklichen Zufall war ich in die richtige Richtung losgestiefelt. Sofort fühlte ich mich besser.

Von außen betrachtet, dachte ich, bin ich nur ein Mädchen, das sein Pflegepferd auf kürzestem Weg zum Longieren führt. Ganz normal, nichts Besonderes. Kein Löwenbändiger, kein Drachenzähmer auf unbekanntem Terrain. Das Schlimmste ist für heute geschafft.

Das stimmte nicht ganz. Während ich die Tür des Longierzirkels öffnete, fiel mir auf, dass ich die Peitsche in der Stallgasse vergessen hatte. Als ich die Tür wieder schloss, wurde klar, dass ich keine brauchte. Sir Fantastic bockte los, kaum dass seine Hufe den Sand berührten. Ich schaffte es, nicht getreten zu werden, brachte mich in der Mitte des Zirkels in Sicherheit und konzentrierte mich darauf, die Longe festzuhalten, während er in wilden Bocksprüngen um mich herumtobte. Langsam dämmerte mir, dass Sir Fantastic möglicherweise mehrere Tage am Stück in seiner Box verbracht hatte. Gut möglich, dass die Pferde bei Pittekoven keinen Koppelgang bekamen, und Jörg hatte bekanntlich keine Zeit zum Reiten. Bei diesem Gedanken tat mir Sir Fantastic so leid, dass ich ihm für das Theater, das er veranstaltete, gar nicht böse sein konnte. Schließlich war es auch nicht seine Schuld, dass ich keine Handschuhe trug. Nach kürzester Zeit waren meine Handflächen knallrot und brannten wie Feuer. Aber jetzt hatte ich keine andere Wahl als durchzuhalten.

Zehn Minuten später hatte sich Sir Fantastic so weit beruhigt, dass er in der Lage war, ein paar Runden im Kreis zu traben, ohne zu explodieren. Ich bewunderte seinen schwungvollen Gang. Auf seinen langen Beinen schien er förmlich über dem Boden zu schweben. Als er auf ein lang gezogenes »Brrrrr« in Schritt fiel, beschloss ich, das Training für heute zu beenden. Wir waren beide nass geschwitzt. Es würde eine weitere halbe Stunde dauern, ihn trocken zu kriegen. Weil Sir Fantastic jetzt vergleichsweise entspannt hinter mir lief, beschloss ich, ihn im Freien trockenzuführen.

Der junge Mann aus der Reithalle bog um die Ecke, den Schimmel am Zügel hinter sich herziehend. Als er mich sah, blieb er stehen.

»Und? Ging's?«, fragte er.

Ich nickte stumm. Immerhin war ich mit dem Leben davongekommen. Der junge Mann musterte Sir Fantastics nasses Fell und nickte ebenfalls.

»Gut, dass du was mit ihm machst. Jörg war noch nie im Longierzirkel. Der hat mit Fanta überhaupt noch nie die Stallungen verlassen. Hat er dir nicht erzählt, was?«

Ich schüttelte den Kopf.

»Fanta ist kein schlechtes Pferd. Aber Jörg reitet erst seit zwei Jahren. Am Wochenende dreht er ein paar Runden durch die Halle und ist froh, wenn er nicht runterfällt. Ansonsten macht er nichts mit ihm. Das Geld für Beritt will er sich sparen.«

Der junge Mann lächelte geringschätzig. Ich dachte, dass er wahrscheinlich selbst als Bereiter arbeitete und ich gerade dabei war, ihm einen Job wegzunehmen.

»Die meisten haben Angst vor Fanta. Aber wenn du mit ihm klarkommst …«

Er zuckte die Achseln, packte den Zügel fester und zog seinen Schimmel weiter Richtung Stallgasse drei.

Nichts von dem, was der junge Mann gesagt hatte, war als Kompliment gemeint gewesen. Aber ich jubilierte innerlich. »Fanta« war ein schwieriges Pferd, und ich hatte ihn longiert! Das war fast wie in einem meiner Pferderomane. Ich führte ihn sorgfältig trocken, räumte die Ausrüstung weg und bewältigte den Weg zur Bushaltestelle im Hopserlauf.

Die folgenden Wochen verbrachte ich damit, Fanta zu longieren und ihm ein paar grundsätzliche Umgangsformen beizubringen. Da ich noch nie ein Pferd erzogen oder gar ausgebildet hatte, ging die Arbeit langsam voran. Noch immer zog er mich über den Hof, noch immer tobte er an der Longe im Kreis. Aber ich merkte trotzdem, dass wir anfingen, uns zu verstehen. Vor allem hatte ich überhaupt keine Angst mehr vor ihm, und ich glaube, dass er meine Gegenwart gerade deshalb genoss.

Allerdings gab es einige Wermutstropfen im Pflegepferdglück. Tatsächlich hatte Fantas Besitzer von der Pferdematerie wenig bis gar keine Ahnung, was ihn zu einem schwierigen Chef machte. Ständig fragte er, was Fanta schon alles gelernt habe, und zeigte sich mit meinem Vorgehen unzufrieden. Er schien zu erwarten, dass ich sein Pferd binnen weniger Tage in eine Mischung aus Fury, Olympiasieger und Zirkuspony verwandelte. Auch kam er immer wieder mit seltsamen Anweisungen um die Ecke, die er meistens den Ratschlägen von Stallkollegen entnahm. Einmal hieß es, ich solle Fanta nicht füttern, dann wieder wurde mir aufgetragen, jedes positive Verhalten mit einem Leckerli zu belohnen. Ich sollte dreimal die Woche jeweils zwanzig Minuten mit ihm arbeiten und dann doch wieder jeden Tag eine ganze Stunde. Die schwierige Herausforderung bestand darin, einen gemeinsamen Weg mit Fanta zu finden, ohne sein Herrchen zu verärgern.

Nicht nur mit Jörg, auch innerhalb der Stallgemeinschaft hatte ich einen schlechten Stand. Von Anfang an war ich ein Fremdkörper und blieb es auch während der gesamten Zeit, in der ich Sir Fantastic betreute. Ich gehörte nicht mehr zum Schulbetrieb, war aber auch keine echte Privatreiterin. Auf meiner Stallgasse war Fanta das einzige Pflegepferd und ich die einzige Jugendliche. An den Nachmittagen bemühte ich mich, möglichst früh im Stall zu sein, um möglichst wenigen Menschen zu begegnen. Das klappte nicht immer. Wenn ich nachmittags zum Schulsport musste, kam ich erst bei Fanta an, wenn auf der Stallgasse schon Hochbetrieb herrschte. Die meisten Reiter ignorierten mich, manche grüßten nicht einmal. Andere stellten sich an den Longierzirkel und schauten ein paar Minuten zu, während ich mit Fanta beschäftigt war. Ich wusste, dass Jörg sie später fragen würde, »wie es so lief«, und dass die Antworten zu mir zurückkommen würden.

Am schlimmsten waren die hasserfüllten Blick der Pferdemädchen. Wenn ich mit Fanta über den Hof ging, rotteten sie sich zusammen und tuschelten. Ich hätte es an ihrer Stelle nicht anders gemacht. Ähnlich wie Pferde besitzen auch Pferdemädchen feinste Antennen für Rangunterschiede. Niemand kennt sich besser mit Hierarchien aus. Auch wenn ich Tag für Tag in der Privatpferdegasse verschwand – die Pittekoven-Mädchen wussten, dass ich in Wahrheit eine von ihnen war. Sie hatten mich sofort durchschaut.

Offensichtlich wurde der Betrug, als ich anfing, Fanta zu reiten. Jörg ließ sich nicht länger hinhalten, er wollte unbedingt, dass ich sein Pferd vom Sattel aus trainierte, und auch ich selbst hatte das Gefühl, dass es an der Zeit war, den nächsten Schritt zu gehen. Fanta lief inzwischen brav an der Longe, er tobte und buckelte nicht mehr herum, er hatte gelernt, auf meine Stimmkommandos zu achten, und folgte mir am Strick, ohne mich ständig mit der Schulter anzurempeln. Trotzdem zitterte ich vor Aufregung, als ich zum ersten Mal den Sattel auf mein turmhohes Pflegepferd hievte. Ich hatte einen Tag gewählt, an dem ich so früh im Stall sein konnte, dass die Reithalle ziemlich sicher leer sein würde, und meine Rechnung ging auf. Nachdem ich mithilfe einer kleinen Trittleiter in den Sattel geklettert war, dauerte es allerdings keine zwei Minuten, bis sich eine Gruppe Pferdemädchen auf der Tribüne versammelt hatte. Sie tuschelten nicht, sondern schwiegen gespannt, durchdrungen von vibrierender Vorfreude. Ihre große Hoffnung war, mich möglichst bald in hohem Bogen aus dem Sattel fliegen zu sehen. Das würde ihnen tagelang Gesprächsstoff und Grund zu einem wohligen Gefühl der Schadenfreude geben.

Diese konkrete Hoffnung wurde enttäuscht, trotzdem kamen die Pferdemädchen auf ihre Kosten. Schon im Schritt am langen Zügel fühlte ich mich, als säße ich zum ersten Mal im Leben auf dem Pferd. In all den Jahren Reitunterricht war ich immer nur in Abteilung, also in einer Reihe aus mehreren Pferden unter Aufsicht eines Reitlehrers geritten. Nie zuvor hatte ich mich allein mit einem Pferd in der Halle bewegt. Zudem war Sir Fantastic kein abgestumpftes Schulpferd, sondern ein sensibles Jungtier. Schon im Schritt brachte ihn mein unbalancierter Sitz so sehr aus dem Gleichgewicht, dass wir es kaum schafften, auf dem Hufschlag zu bleiben und stattdessen in unkontrollierten Schlangenlinien durch die Bahn eierten. Das schockte mich so sehr, dass ich kaum bemerkte, wie brav Fanta war. Er schritt mit gespitzten Ohren und guter Laune durch die Halle, betrachtete sich selbst in den großen Wandspiegeln und machte keine Anstalten, loszurasen oder gar zu bocken. Geduldig versuchte er, meinem unfreiwilligen Hilfen-Wirrwarr irgendwelche brauchbaren Anweisungen zu entnehmen, blieb stehen, wenn ich in Rückenlage geriet, ging schneller, wenn ich nach vorne sackte, folgte meinen Gewichtsverlagerungen nach links oder rechts. Mit jedem Schritt stellte er ein weiteres Mal unter Beweis, mit welch wundersamer, schier grenzenloser Freundlichkeit die Pferde mit uns Menschen zusammenarbeiten, solange wir es uns nicht mit ihnen verderben. In der akuten Situation war ich leider nicht in der Lage, mich darüber zu freuen. Im Reitschulbetrieb Blumenau hatte ich zum Schluss als eine der besseren Schülerinnen gegolten. Ich war super mit Leroy zurechtgekommen, den viele andere Mädchen nicht einmal antraben konnten. Herr Hoffmann hatte oft gesagt, dass er mir gerne die schwierigeren Pferde anvertraue, weil ich ziemlich angstfrei sei und mich durchsetzen könne. Ich hatte gedacht, dass ich eigentlich schon eine ganz gute Reiterin sei. Nun erlitt ich auf dem Rücken von Sir Fantastic eine Bruchlandung aus dem Reich der Illusionen. Der Traum vom fast eigenen Pferd war dabei, sich als Albtraum zu erweisen.

Trotzdem oder gerade deswegen beschloss ich, einen Trab zu versuchen. Das Antraben selbst war überhaupt kein Problem, Fanta setzte sich auf den leisesten Schenkeldruck sofort in Bewegung. Aber es zeigte sich, dass nicht nur mir, sondern auch ihm eine solide Grundausbildung fehlte. Er hob den Kopf hoch in die Luft, drückte den Rücken weg und trabte mit schleudernden Tritten viel zu schnell im Kreis, wobei er sich wie ein Fahrrad in die Kurven legte. Ich hüpfte auf seinem Rücken herum wie eine Mischung aus Gummiball und Kartoffelsack und wäre vermutlich aus dem Sattel gerutscht, wenn Fanta mein verzweifeltes »Brrrrr!« nicht artig befolgt hätte und zurück in den Schritt gefallen wäre. Als ich wenig später vom Pferd stieg, war ich nass geschwitzt und so todunglücklich, dass mich nicht einmal das unterdrückte Kichern der Pferdemädchen störte.

Auf der Stallgasse war inzwischen Frau Vanderbilt eingetroffen, eine ältere Dame, die sich genau wie ich öfter schon am frühen Nachmittag im Stall einfand. Obwohl sie schon lange nicht mehr in den Sattel stieg, kam sie täglich hierher, um ihr ebenfalls betagtes Pferd Monopol, genannt Moppel, zu versorgen. Eigentlich war der Springstall Pittekoven ein viel zu teurer Ort für ein Gnadenbrotpferd. Aber das war Frau Vanderbilt egal. Sie wollte ihrem Schützling keinen Umzug mehr zumuten. Moppel war ein reizender alter Pferdeherr mit dickem Bauch, hängendem Rücken und ergrautem Gesicht. Er hatte fast die gesamten dreißig Jahre seines Lebens mit Frau Vanderbilt in diesem Stall verbracht. Wenn man an seine Box trat, kam er einem stets freundlich und mit gespitzten Ohren entgegen. Aber eigentlich wartete er immer nur auf sein Frauchen. Hörte er ihren Schritt auf der Stallgasse, brummelte er laut zur Begrüßung, drehte sich um sich selbst und stampfte mit den Hufen.

Frau Vanderbilt brauchte keinen Strick, um Moppel aus der Box zu holen. Sie musste ihn auch nicht anbinden, wenn sie ihn putzen wollte. Er stand wie eine Statue. Wenn sie mit ihm spazieren ging, folgte er wie ein Hund. Jeden Tag machte sie für ihn eine Art Obstsalat aus geschnittenen Äpfeln, Birnen, Möhren und Bananen, unter die sie verschiedene Pülverchen gegen Moppels vielfältige Zipperlein rührte. Die Sportreiter auf der Stallgasse machten sich über Frau Vanderbilt lustig. Die teure Boxenmiete für den alten Bock, die Spaziergänge, das lächerliche Futter. Frau Vanderbilt war das völlig egal. Sie hielt ihrem Pferd die Treue, genau wie umgekehrt.

Die anderen Pferde im Stall waren alle jung, so wie Fanta. Eine lange Reihe sportlicher Versprechen, in verschiedenen Farben, mit prallen Muskeln und glänzendem Fell. Ich wusste nicht, was die anderen Reiter mit ihren Pferden machten, wenn diese älter wurden. Vermutlich wurden sie verkauft, sobald die Leistung nachließ, und man hörte dann nie wieder etwas von ihnen. Mir kam es vor, als ob Frau Vanderbilt etwas besäße, das sie von allen erwachsenen Pferdeleuten, die ich bisher kennengelernt hatte, unterschied.

Höflich trat Moppel beiseite, als ich Sir Fantastic an ihm vorbeizog. Obwohl ich das Gesicht abgewandt hielt, merkte Frau Vanderbilt sofort, dass etwas nicht stimmte. Sie hielt mich am Arm fest und fragte, was los sei. Im selben Augenblick begannen die Tränen zu laufen. Ärgerlich wischte ich sie fort. Ich erzählte, dass ich wie eine blutige Anfängerin auf Fanta gesessen hätte. Dass ich niemals lernen würde, ihn richtig zu reiten, am Zügel und durchs Genick, wie Jörg es in seinen Büchern las. Dass es besser wäre, den Pflegejob aufzugeben, damit Fanta eine richtige Reiterin bekäme.

»Unsinn«, sagte Frau Vanderbilt. »Fanta braucht dich.«

Ab diesem Tag nahm mich Frau Vanderbilt unter ihre Fittiche. Fortan gab sie mir Tipps, beim Putzen, beim Satteln, in der Reithalle, wann immer wir uns gemeinsam im Stall aufhielten. Sie begann, ihre Stallzeiten nach mir zu richten, sodass wir uns fast täglich sahen. Es war das erste Mal, dass mir wirklich jemand etwas »vom Pferd erzählte«. Frau

Vanderbilt sprach anders als andere Pferdeleute. Sie sagte niemals: »Setz dich durch«, oder: »Zeig ihm, wer der Chef ist«. Sie sagte: »Gib ihm Sicherheit«, oder: »Lob ihn sofort«. Sie erklärte mir, dass es beim Umgang mit Pferden vor allem auf zwei Dinge ankomme: perfektes Timing und Kontrolle über die eigenen Emotionen. Ich hatte keine Ahnung, was sie meinte, und fand es in meiner Zeit mit Fanta auch nicht heraus. Es mussten noch weitere fünfzehn Jahre vergehen, bis ich es erfuhr. Trotzdem wirkten ihre Hinweise Wunder. Sir Fantastic wurde zusehends gelassener. Beim Putzen hielt er die Füße still, draußen erschrak er nicht mehr vor jeder Kleinigkeit.

Auch beim Reiten ging es dank Frau Vanderbilts Hilfe gut voran. Bald konnte ich Fanta in allen Gangarten auf einfachen Bahnfiguren reiten und gewann beim Hausturnier ein goldenes Schleifchen in einer Dressurprüfung der Klasse E. Trotzdem war ich von einer korrekten Gymnastizierung des Pferds natürlich meilenweit entfernt. Von der Skala der Ausbildung, die Frau Vanderbilt mir erklärte, hatte ich in zehn Jahren Schulbetrieb noch nie etwas gehört. Takt, Losgelassenheit, Anlehnung. Schwung, Geraderichtung, Versammlung. Anfangs sagte mir keiner dieser Begriffe etwas. Noch weniger wusste ich, wie sich die entsprechenden Zustände im Sattel anfühlen. Niemand hatte mir verraten, dass man einen inneren Rhythmus entwickeln muss, um ein Pferd im Takt reiten zu können. Oder dass Losgelassenheit wie eine gemeinsame Meditationsübung ist, bei der die Energien frei zu fließen beginnen. Ich hatte keine Ahnung, wie man eine korrekte Anlehnung herstellt, also eine feine Verbindung zum Pferdemaul. Bislang hatte es für mich höchstens ein »An den Zügel«-Reiten gegeben, was bedeutete, dass man das Pferd vorwärts trieb und gleichzeitig links und rechts an den Zügeln zog, bis der Kopf runterging und der Hals sich bog. Gelang das bei einem Schulpferd, erntete man höchstes Lob. Aber auch die meisten Privatreiter, die ich beobachtete, machten letztlich nichts anderes.

Überhaupt war und ist der rund gemachte Pferdehals ein Fetisch, eine Art Messlatte für reiterliche Qualität. Wenn das Pferd nicht »am Zügel« geht, taugt der Reiter nichts. Auch heute noch benutzen viele Reiter »in hartnäckigen Fällen« Hilfszügel, um dem Pferd den Kopf kurzerhand nach unten zu binden. Oder sie halten die Zügel kurz, während sie gleichzeitig mit Sporen und Gerte gnadenlos »vorwärts!« befehlen, bis das Pferd aufgibt und den Hals fallen lässt. Trotz aller tierschutzrechtlichen Einwände gilt die Rollkur (auch »Hyperflexion« oder »Low Deep Round« genannt), bei der man dem Pferd das Maul bis fast auf die Brust zieht, damals wie heute in vielen Ställen als effektive Trainingsmethode.

Frau Vanderbilt hielt von alldem nichts. Sie wiederholte unermüdlich, dass korrektes Reiten nur durch einen korrekten Sitz zustande komme. Runde um Runde ließ sie mich ohne Bügel traben und galoppieren und korrigierte immer wieder meine Handhaltung. Derweil trug Sir Fantastic seinen Kopf die meiste Zeit so, wie es ihm gefiel. Er streckte den Hals hoch in die Luft oder ließ ihn beim Abschnauben so tief fallen, dass er die Nase fast durch den Sand zog.

»Lass ihn machen«, sagte Frau Vanderbilt nur. »Sobald du in der Lage bist, ihm eine stabile Anlehnung zu bieten, kommt der Rest von allein.«

Ich weiß nicht, ob ich damals schon verstand, wie recht sie hatte. Wahrscheinlich war ich vor allem froh, dass mir überhaupt jemand half. Allein wäre ich mit meiner neuen Aufgabe nicht zurechtgekommen, und regulären Reitunterricht konnte ich mir nach wie vor nicht leisten.

So oder so wurde Fantas nicht gebogener Hals zunehmend zum Problem. Zwar zeigten sich einige Stallkollegen ganz angetan von meiner Arbeit mit Fanta, lobten seine Gelassenheit und meine Konsequenz, und ich war sicher, dass solche Ansichten stets auch bei Jörg ankamen. Aber er hatte ja selbst Augen im Kopf, auch wenn sich dahinter leider nicht viel Pferdeverstand befand. Am Wochenende ließ er mich manchmal vorreiten, und er sah genau, dass Fanta anders lief als die anderen Pferde bei Pittekoven. Das entsprechende Vokabular hatte er sich bereits angeeignet. Ich solle Sir Fantastic ordentlich »rund machen« und ihn viel stärker »zusammenstellen«. Er würde sonst total »auseinanderfallen«. Wenn er dann endlich »versammelter« laufe, sei er vielleicht auch im Trab besser zu sitzen.

Letzteres war für Jörg von besonderer Bedeutung, denn er schaffte es nach wie vor nur mit Mühe, sich im Trab auf Fantas Rücken zu halten. Da konnte ich Frau-Vanderbilt-Argumente vorbringen, so viele ich wollte – Jörg wischte alles beiseite mit dem Hinweis, die Vanderbilt sei keine zertifizierte Trainerin, sondern nur eine alte Pferdemutti. Immer häufiger nörgelte er an Fanta und mir herum. Bestimmt gab es auch Einflüsterer, die ihm rieten, endlich einen richtigen Bereiter auf sein Pferd zu setzen. Aus seiner Perspektive war das ja auch nicht falsch. Ich war eine unerfahrene Reiterin auf einem unerfahrenen Pferd. Ich konnte mir unendlich viel Mühe geben und mir gemeinsam mit Fanta in kleinen Schritten erarbeiten, was zu einer mehr oder weniger korrekten Grundausbildung gehört. Aber ich konnte dem Pferd nichts beibringen. Nicht in kurzer Zeit, nicht mit spektakulären Ergebnissen. Für mich war Jörgs Erwartungshaltung ein Damoklesschwert, das ständig über meinem Kopf schwebte.

Irgendwann verlangte Jörg, dass ich das Große Reitabzeichen erwarb. Auf diese Weise wollte er sich selbst und der Welt beweisen, dass ich als Pferdepflegemädchen für Sir Fantastic kompetent genug war. Meine Eltern erklärten sich bereit, mir in den folgenden Ferien einen zweiwöchigen Lehrgang zu bezahlen, in Warendorf, der Hauptstadt des nordrhein-westfälischen Pferdesports. Dank eines tollen Lehrpferds bestand ich sämtliche Prüfungen, auch das Springen, worin ich praktisch keine Erfahrung besaß.

Leider räumte das Reitabzeichen die wachsenden Zweifel nicht aus, und so kam es, dass Jörg mich nach einem zermürbenden Hin und Her schließlich rauswarf. Damit beendete er eine Zeit, die sehr lehrreich, aber irgendwie auch reichlich frustrierend gewesen war. In den gesamten zwei Jahren hatte ich als privatpferdereitendes Pferdemädchen beziehungsweise nicht-richtig-reiten-könnende Bereiterin keinen Platz in der Stallgemeinschaft und außer Frau Vanderbilt keine Verbündeten gefunden. Dazu ein Chef, der selbst keine Ahnung vom Reiten hatte und mich trotzdem immer rücksichtsloser abkanzelte. Gelitten hatte vor allem mein Selbstwertgefühl. Der Eindruck, trotz aller Pferdeliebe eine schlechte Reiterin zu sein, blieb mir lange erhalten.

Der Abschied von Sir Fantastic fiel weniger dramatisch aus, als ich es selbst erwartet hätte. Zwar flossen ein paar Tränen. Aber im Grunde waren wir eher gute Bekannte geblieben als echte Freunde geworden. An Leroy denke ich noch heute mit viel größerer Sentimentalität. Denn Leroy war ein Traumpferd im wahrsten Sinne des Wortes, ein Wesen, das man aus sicherer Entfernung anhimmeln und in der Fantasie zum Seelenverwandten ausbauen konnte. Sir Fantastic hingegen war echt. Ein unbeholfenes, viel zu groß geratenes Riesenbaby, freundlich, aber irgendwie auch ein bisschen neurotisch und introvertiert, was aus heutiger Sicht nicht verwundern kann, wenn man bedenkt, dass er genau wie alle anderen Pferde bei Pittekoven ausschließlich in der Box gehalten wurde, ohne Koppelgang, ohne echte Sozialkontakte. In meiner eigenen Wahrnehmung hatte ich nicht nur im Sattel versagt, sondern auch in dem Bestreben, eine enge Beziehung zu meinem Pflegepferd aufzubauen. Sicher, durch zuverlässiges Anschleppen von Begrüßungsmöhren hatte ich ihn dazu gebracht, mir erwartungsvoll entgegen zu brummeln, wenn er mich auf der Stallgasse hörte. Aber es war nicht dasselbe wie bei Moppel und Frau Vanderbilt. Fanta und mir fehlte die gemeinsame Sprache.

Immerhin fiel es mir auf. Ich bemerkte ein Defizit, was ja Voraussetzung ist, um es in Zukunft besser zu machen. An Sir Fantastic denke ich zurück als an einen Lehrmeister, der mir gezeigt hat, was ich alles nicht kann.

Das Reitabzeichen, der kleine Turniersieg und meine Referenz als Privatpferdreiterin machten es erstaunlich leicht, ein neues Pflegepferd zu finden. Ein weiteres Mal wechselte ich die Anlage, ein weiteres Mal kam ich als Fremdkörper in eine Gruppe von meist erwachsenen Pferdebesitzern hinein. Mein neues Pflegepferd hieß Aramis, war älter als Sir Fantastic und ziemlich gut ausgebildet. Jetzt zahlte sich der Unterricht von Frau Vanderbilt aus. Mit Aramis machte ich rasante Fortschritte. Zwar würde ich aus heutiger Sicht sagen, dass ich noch nicht annähernd verstanden hatte, worum es beim Reiten eigentlich ging. Aber was die Technik betraf, begriff ich schnell. Wahrscheinlich besaß ich auch ein gewisses Gefühl für den richtigen Moment.

Aramis beherrschte Dressurlektionen bis Klasse M. Binnen eines halben Jahres lernte ich, die Übungen korrekt abzurufen, und so machten wir gemeinsam eine ganz ordentliche Figur. Bald bekam ich ein zweites Pflegepferd hinzu und verbrachte mehr Zeit im Stall als je zuvor. Nun war ich siebzehn Jahre alt und hatte tatsächlich doch noch aufgehört, ein Pferdemädchen zu sein. Die echten Pferde-mädchen saßen andächtig auf der Tribüne, während ich Aramis oder Jacko ritt, verfolgten mich mit sehnsüchtigen Blicken, wenn ich »meine« Pferde ganz selbstverständlich in die Privatreiter-Stallgasse führte, und liefen dann zum Büro des Reitlehrers, um sich über die Verteilung der Schulpferde zu streiten.

Kurz vor dem Abitur musste ich das Reiten aufgeben. Ich konnte *entweder* im Reitstall sein *oder* mich auf die Klausu-ren vorbereiten. Beides ging nicht. Nur gelegentlich nach Aramis und Jacko zu sehen wäre für mich zu schmerzhaft und für die Besitzer keine Hilfe gewesen. Ich versuchte mir einzureden, dass es ja nur eine Pause von ein paar Mo-naten sein müsse und es danach mit mir und den Pferden schon irgendwie weitergehen würde.

Aber im Grunde wusste ich, dass das Selbstbetrug war. Denn ich wollte nach dem Abi ein Studium in einer an-deren Stadt beginnen. Ein eigenes Pferd oder eine Reit-beteiligung konnte ich mir nach wie vor nicht leisten. An einem unbekannten Ort erneut ein Pflegepferd zu ergattern würde gewiss nicht einfach sein. Außerdem glaubte ich nicht, dass mir das Jurastudium überhaupt ausreichend Zeit für diese intensive Form des Reitens las-sen würde. Fest stand, dass ich nie wieder auf ein Schul-pferd steigen und dadurch für die Versklavung eines Lebewesens bezahlen wollte. Für mich würde es in Zu-kunft nur noch respektvoll behandelte Pferde geben – oder gar keine.

Als ich das letzte Mal die Stalltür hinter mir schloss, ohne zu wissen, ob und wann ich wieder eine öffnen würde, war mir dann doch deutlich bewusst, dass etwas zu Ende ging. Ein Kapitel, das man Kindheit nennt und das vielleicht das wichtigste im ganzen Leben ist.

Das eigene Pferd

Quer durch die Zivilisationsgeschichte ist die Beziehung zwischen Mensch und Tier vor allem durch Unterjochung geprägt. In der Genesis steht: »Seid fruchtbar und mehrt euch, füllt die Erde und unterwerft sie und waltet über die Fische des Meeres, über die Vögel des Himmels und über alle Tiere, die auf der Erde kriechen!« Im Lauf der Zeit haben die Menschen diesen Satz zunehmend als einen Herrschaftsanspruch interpretiert. Entsprechend hat sich nach und nach die gesamte Welt samt Tieren und Pflanzen in einen Menschengarten verwandelt. In diesem haben nicht nur Gegenstände, sondern auch Lebewesen bestimmte Funktionen zu erfüllen. Die Zwecke sind breit gefächert; auch emotionale und ästhetische Regungen wie das menschliche Entzücken über ein nettes Haustier oder eine schöne Landschaft gehören dazu. Selbst eine Restwildnis wie der Regenwald oder ein entferntes Phänomen wie die Ozonschicht haben dem Menschen als »Grüne

Lunge« beziehungsweise als »UV-Schutzschild« zu dienen. Nutzlosigkeit ertragen wir nicht. Eingeschränkten Nutzen, also mangelnde Effizienz, ertragen wir immer weniger. Auf diese Weise degradieren wir alles, was uns umgibt, zum Objekt.

Behandelt man einen Menschen als Objekt, wird man zum Menschenquäler. Behandelt man ein Tier als Objekt, wird man zum Tierquäler. Seit Jahrhunderten besteht unser wichtigster humanistischer Auftrag darin, allen menschlichen Wesen ihre Würde zu garantieren. Das klappt mal besser und oft schlechter. In Bezug auf Tiere hat das Umdenken kaum richtig begonnen. Praktisch jedes Tier, das mit Menschen in Berührung kommt, kann sich darauf einstellen, gequält oder getötet zu werden. Das in Massentierhaltung eingepferchte Schwein, der zu Dekorationszwecken in ein Glas gesteckte Goldfisch, das von Kindern aus Liebe misshandelte Meerschweinchen, das gejagte Reh, der im Zoo präsentierte Tiger, der aus seinem Lebensraum verdrängte Gorilla – man weiß gar nicht, welche Lebensform die traurigste ist. Vielleicht gelingt es einigen Katzen und Hunden, sich unbeschadet in den menschlichen Alltag einzufügen. Vorausgesetzt, sie werden von ihren Besitzern artgerecht gefüttert, nicht geschlagen, eingesperrt oder angekettet.

Welch ein Abgrund ist doch die Vorstellung, dass wir praktisch bei jedem Kontakt mit der Tierwelt leidbringend wirken, ganz egal, ob aus Gleichgültigkeit oder aus Liebe! Um das zu ändern, und sei es nur im täglichen Umgang mit den eigenen Haustieren, reicht ein bisschen schlechtes

Gewissen nicht aus. Erforderlich ist ein grundlegender Wechsel des Standpunkts. Das fällt uns Menschen schwer. Häufig gelingt es uns ja nicht einmal, uns in einen Mitmenschen einzufühlen, geschweige denn in eine völlig andere Spezies. Um die Welt zu verstehen, schließen wir meistens von uns selbst auf andere. Ein Verfahren, das schon unter Artgenossen zu fatalen Irrtümern führt. Im Umgang mit Tieren sind die Fehlschlüsse noch eklatanter. Will man in echten Kontakt zueinander treten, muss man lernen, den anderen gerade in seiner Andersartigkeit zu sehen. Die Neigung, ein Gegenüber nur als Verlängerung des eigenen Willens zu betrachten, zerstört die Möglichkeit von Beziehung.

Pferde sind definitiv anders als wir, sogar »noch mehr anders« als Hund oder Katze, Schaf oder Esel. Wir sind Jäger, das Pferd ist Beute. Unsere Augen stehen eng zusammen, die des Pferdes liegen seitlich am Kopf. Das ist keine zufällige anatomische Besonderheit, sondern Ausdruck von zwei komplett unterschiedlichen Weltsichten. Wenn wir uns einem Pferd nähern, dann stets mit dem fokussierten Blick eines Räubers. Das Pferd hingegen erwartet uns mit der leicht alarmierten Rundumsicht des Fluchttiers. Mit seinem hyperempfindlichen Nervensystem und dem hochgerüsteten Bewegungsapparat gleicht es eher Wildtieren wie Reh oder Antilope als gemütlicheren Hausgenossen wie Schaf, Kuh, Ziege, Esel oder Schwein. Das Pferd lebt in einer Welt voller Gefahren. Wir leben in einer Welt voller Zwecke. Das Pferd überlegt permanent, von wem oder was es als Nächstes angegriffen werden könnte. Wir überlegen, welche Gelegenheit wir als Nächstes beim Schopf packen müssen. Beides erzeugt Stress. Aber völlig unterschiedliche Arten von Stress. Das Fatale, aber auch Faszinierende an der Mensch-Pferd-Beziehung liegt darin, dass zwei diametral verschiedene Weltsichten direkt aufeinanderprallen. *Clash of Cultures* buchstäblich mit dem ersten Augen-Blick. Der Mensch denkt: »Ich muss dich bezwingen, sonst bin ich ein Versager.« Der Pferdeinstinkt sagt: »Ich muss abhauen, sonst bin ich tot.«

Kommen Mensch und Pferd in Frieden zusammen, erfüllen sie den uralten Traum von der Freundschaft zwischen Fleisch- und Pflanzenfresser. Schon die Bibel erzählt davon, wie im Paradies vor dem Sündenfall Lamm und Löwe nebeneinander weiden. Im Tierfrieden kommen Leid und Unruhe zum Erliegen. Es schweigt die Angst auf beiden Seiten.

Außerhalb des Paradieses ist dieser Zustand jedoch aufgehoben. Wir westlichen Zivilisationsbürger begreifen die Welt als einen Ort, an dem Aggression dominiert: Fressbeziehungen und darwinistische Konkurrenz, Hass und Feindschaft zwischen den Arten, zwischen Andersdenkenden und Andersfühlenden, gleich, ob Mensch oder Tier.

Deshalb ist Pferdeliebe so speziell: In ihr wohnt die Sehnsucht nach Heilung. Nach Versöhnung von Täter und Opfer. Solch archaische Sehnsüchte machen eine Liebe stark, aber auch verletzlich. Im Miteinander von Pferd und Mensch liegt großes Eskalationspotenzial. Soll die Freundschaft gelingen, müssen wir uns ihre Bedingungen klar vor

Augen führen. Das Pferd tut den ersten Schritt, es bietet sich als Partner an, lädt uns ein in seine Welt. Darin liegt aber nicht das Versprechen, sich fortan wie ein Mensch, Hund oder Sportgerät zu verhalten. Das Pferd bleibt ein Pferd, egal, was passiert. Umdenken müssen *wir*. Weil Pferde dazu nicht in der Lage sind.

Diese Erkenntnis wurde mir nicht durch Bücher oder Trainer vermittelt. Sondern von meinem ersten eigenen Pferd. Als es zu mir kam, war ich über dreißig und hatte gut fünfzehn Jahre lang überhaupt keinen Kontakt mehr zu Pferden gehabt. Nach dem Abitur hatte ich meine Heimatstadt zum Studieren verlassen und lebte mein Leben absolut pferdefrei. Ich verbot mir sogar jeden Gedanken an mein früheres Hobby. Wenn ich vom Zugfenster aus Pferde auf einer Koppel stehen sah, schmerzte eine Stelle irgendwo unter dem Solarplexus. Schnell schaute ich weg und dachte an etwas anderes.

Dann zogen wir aufs Land. Überraschend, spontan, ohne lange Entscheidungsphase, ohne mentale oder sonstige Vorbereitung. Wir hatten uns in ein altes Haus auf einem brandenburgischen Dorf verliebt.

In unserem zweiten Winter klingelte es eines Abends an der Tür. Draußen lag Schnee, nachts sanken die Temperaturen bis fünfzehn Grad unter null. Vor der Tür stand einer unserer Nachbarn, Reitlehrer von Beruf. Er fragte: »Du interessierst dich doch irgendwie für Pferde, oder?« Ich nickte vage und wollte ihn hereinbitten, aber er wehrte ab. Er habe da ein Tier, das Hilfe brauche. Am besten, ich käme einfach mal mit. Ich zog dicke Stiefel und eine Daunenjacke an und folgte meinem Nachbarn die Straße hinunter zu seinem Haus, hinter dem sich weitläufige Koppeln erstreckten. Auf dem kurzen Weg erzählte er mir eine traurige Geschichte.

Im Auftrag eines Kunden hatte er vor sechs Monaten ein Pferd verkauft, ganz jung, keine vier Jahre alt, mit Namen Rowdy. Ein Vater, der selbst mit Pferden nichts am Hut hatte, wollte es für seine jugendliche Tochter. Kurz nachdem das Mädchen Rowdy übernommen hatte, platzte die Familie auseinander. Mutter und Tochter verließen fluchtartig das gemeinsame Zuhause, der Vater blieb allein mit Rowdy zurück. Er sperrte das Pferd in die Garage, versorgte es notdürftig mit Wasser und Heu und überließ es ansonsten seinem Schicksal. Rowdy verbrachte Wochen, wenn nicht Monate in dieser Isolationshaft.

Irgendwann drehte der Vater durch. Er betrank sich, schleppte einen Haufen Gasflaschen ins Haus und plante, sich selbst und das ganze Gebäude in die Luft zu sprengen. Nachbarn alarmierten Polizei und Feuerwehr, der Vater wurde abgeholt und Rowdy gefunden. Weil niemand wusste, wohin mit dem Pferd, hatte man den Verkäufer kontaktiert. Mein Nachbar war sofort hingefahren, um das Pferd zu holen.

»Der Gaul hat was hinter sich«, sagte er. »Aber sieh selbst.«

Wir traten an den Koppelzaun hinter dem Haus, und ich sah selbst. Eigentlich scheint es unmöglich, dass sich ein so großes Wesen wie ein Pferd in ein Häufchen Elend verwandelt – aber dieses Pferd war eins. Dünn wie ein Strich unter struppigem Winterfell, am ganzen Körper zitternd, mit einem Blick, so tief verletzt, dass es einem das Herz im Leib zusammenzog.

»Du musst nur den Schlachtpreis für ihn bezahlen«, sagte mein Nachbar. »Überleg's dir.«

Ich überlegte überhaupt nicht. Wir gaben uns die **Hand** drauf. Rowdy gehörte mir.

Wie lässt sich die Geschichte ab diesem Punkt weitererzählen? Wollte ich tatsächlich aufschreiben, was in den folgenden zwölf Jahren zwischen mir und meinem ersten eigenen Pferd passiert ist, würde der Bericht fünf Bücher füllen. Rowdy und ich haben beide unsere Lebenseinstellung geändert. Er hat gelernt, dass nicht die komplette Welt eine Bedrohung darstellt, jedenfalls nicht, solange ich in seiner Nähe bin. Ich habe gelernt, dass Beziehung nichts mit Erziehung zu tun hat. Dass es wichtig ist, ein Wesen wirklich zu akzeptieren und nicht immer nur um die Schwächen des anderen herumzulieben.

Als Rowdy zu uns kam, war er so stark traumatisiert, dass er eine Gefahr für sich selbst und andere darstellte. Wenn ich das wahre Ausmaß seiner Verstörung gekannt hätte, hätte ich ihn allem Mitleid zum Trotz wahrscheinlich nicht gekauft. Heute ist Rowdy so brav, dass er mir gelegentlich als Besucherpferd dient. Selbst unerfahrene Reitanfänger setzen sich auf seinen Rücken und zuckeln eine Runde durch den Wald. Zwischen diesen Extrempunkten dehnt sich die Strecke, die wir gemeinsam gegangen sind.

Gleich zu Anfang schlug mein Mann eine Umbenennung vor. Er meinte, dass ein Pferd mit Namen »Rowdy« keine Chance auf Seelenfrieden habe. Was Rowdy brauchte, war nicht weniger als eine Metamorphose. Also nannte mein Mann ihn »Neo«, nach der Messiasfigur im Neunzigerjahre-Film »Matrix«. Schließlich sei mein neues Pferd auch ziemlich dünn mit einem hübschen Gesicht, genau wie Keanu Reeves. Der frisch getaufte Neo sollte sein wahres Ich entdecken und sich in einen Helden verwandeln, vielleicht nicht gleich beim Springturnier oder auf der Rennbahn, aber immerhin im bescheidenen Rahmen eines Freizeitpferds.

Wenn ich in den ersten Jahren mit frischen blauen Flecken ins Haus kam, verzweifelt, stinkwütend auf Neo und kurz vor der Kapitulation, sagte mein Mann: »Du musst an ihn glauben. Du darfst nicht zweifeln.«

Mein Mann hat wirklich überhaupt keine Ahnung von Pferden. Aber er kennt sich mit Filmen wie »Matrix« und »Star Wars« aus.

»Das sind die großen Themen«, sagt er. »Gültig für Mensch oder Tier.«

Am Ende behält mein Mann immer recht.

Neo ist ein Hannoveraner, geboren 2002, 1,65 Meter groß, Fuchs, Wallach, keine Abzeichen bis auf einen weißen Fesselkopf am linken Vorderbein. So stand es in seinem Pass, so war es in Wirklichkeit, auch wenn das struppige, abgemagerte Pferd auf der Dorfweide kleiner und irgendwie farblos wirkte. Was nicht im Pass stand, war, dass Neo Angst hatte. Nicht speziell vor Menschen, eher vor allem und jedem. Eine tiefsitzende, allgemeine, jederzeit abrufbare Todesangst. Nun sind Pferde Fluchttiere, Todesangst ist ihre Lebensversicherung. Im Gegensatz zu Menschen, die sich den Luxus erlauben, ihre Sterblichkeit weitestmöglich zu verdrängen, haben Pferde die Möglichkeit des Todes permanent vor Augen. Auch wenn sie nach ein paar Jahrtausenden Domestizierung nicht mehr von Fressfeinden umgeben sind – die Instinkte sind intakt, kraftvoll wie eh und je.

Aber bei Neo war es noch etwas anderes als bei anderen Pferden. Ihm fehlte jede Form von Vertrauen. Normalerweise bildet Vertrauen ein Gegengewicht zur Angst, stellt eine Balance her, die Alltagstauglichkeit ermöglicht. Das Vertrauen in eine bekannte Umgebung, Vertrauen in den Menschen, Vertrauen in Herdengenossen. Bei Neo genügte jeder noch so geringe, oft nicht einmal erkennbare Anlass, um ihn völlig ausrasten zu lassen. Das musste eine Folge der Isolationshaft beim verlassenen Familienvater sein. Aus Sicht eines Pferds bestehen Überlebenschancen nur innerhalb des Herdenverbands. Allein ist es dem sicheren Tod geweiht. Ein Pferd, zumal ein junges, in eine Garage zu sperren, vielleicht auch noch im Dunkeln, ohne die Gesellschaft irgendeines anderen Lebewesens, ist Folter. Wahrscheinlich hatte Neo Wochen und Monate in permanenter Panik verbracht und fand aus diesem Zustand nicht mehr heraus.

Niemals ist Neo zu mir oder irgendeinem anderen Lebewesen aggressiv gewesen. Es soll Pferde geben, die nach Katzen treten oder Hühner zerstampfen, die sich in ihrer Nähe aufhalten. So etwas würde Neo niemals tun. Er liebt andere Tiere, egal welcher Art. Einmal beobachtete ich ihn dabei, wie er einer Taube, die in seiner Futterkrippe Haferkörner aufpickte, ganz vorsichtig den Rücken beschnupperte. Von Anfang an wollte er Kontakt zu meinen Hunden und versuchte immer wieder, ihre Freundschaft zu gewinnen, obwohl die Hunde nur einen Konkurrenten in ihm sahen und ihn von Herzen hassten.

Neo ist ein durch und durch freundliches Pferd. Wenn ich ihn putze und dabei kräftig seinen Rücken schrubbe, dreht er den Kopf zu mir und erwidert die Massage, indem er meine Schultern beknabbert oder mit dem Maul an meiner Wirbelsäule hoch- und runterfährt. Wenn man ihn am Bauch streichelt, streckt er ein Hinterbein in die Luft. Niemals hat er mich gebissen, getreten oder absichtlich abgeworfen. Trotzdem war der Umgang mit ihm für lange Zeit regelrecht lebensgefährlich. Neo konnte jederzeit von einer Sekunde auf die andere außer sich geraten.

Wenn ich ihn zum Putzen und Satteln an eine Stange band, konnte es passieren, dass er sich plötzlich nach hinten warf, so heftig, dass Halfter oder Strick zerrissen. Dann galoppierte er zurück auf die Koppel, zu seinen Pferdefreunden, die ihm wenigstens ein bisschen Sicherheit versprachen. Drei Mal hat er mir bei einem solchen Manöver einen Finger gebrochen, weil ich im Moment seiner Flucht mit der Ausrüstung beschäftigt war und mit der

Hand an irgendeinem Riemen hängen blieb. Unzählige Male hat er mich beim unkontrollierten Zur-Seite-Springen mit seinen Hufen verletzt. In der Reitbahn konnte er ohne jede Vorankündigung einen riesigen Satz in eine beliebige Richtung machen, wobei ich regelmäßig in hohem Bogen herunterflog.

Am abenteuerlichsten aber waren unsere Geländeritte. Da ich in der ersten Zeit weder über Reitplatz noch Halle verfügte, war ich darauf angewiesen, durch Wald und Wiesen zu reiten. Es ist ja auch herrlich, gemeinsam mit einem Pferd durch die weiten brandenburgischen Wälder zu bummeln. Aber mit Neo wurde aus dieser Idee ein waghalsiges Unterfangen. Manchmal ritt ich entspannt am langen Zügel einen Sandweg entlang, und plötzlich schoss mein Pferd ohne Vorwarnung in den Wald, raste zwischen eng stehenden Bäumen hindurch, galoppierte durch gröbstes Unterholz, während ich mich nur noch auf seinen Hals legen, das Gesicht gegen peitschende Äste schützen und hoffen konnte, dass ich mir nicht das Knie am Stamm einer Kiefer zerschmetterte. Genauso konnte Neo aus heiterem Himmel eine Kehrtwende vollziehen, und wenn ich auf diesen Richtungswechsel nicht vorbereitet war, rannte er eben allein nach Hause, während ich mir den Dreck von der Hose klopfte und mich in Reitkappe und Stiefeln zu Fuß auf den Heimweg machte.

Ein paarmal ist er mir auf freiem Feld durchgegangen. Völlig unkontrollierbar, in halsbrecherischem Tempo, ohne Bereitschaft, an Straßen, Wassergräben oder Gartenzäunen zu stoppen. Noch heute erinnere ich mich an meine Gedanken in diesen dramatischen Minuten, an das klare Bewusstsein für die Lebensgefährlichkeit der Situation, an die völlige Abwesenheit von Emotionen. Wie ich in der Nüchternheit des Schockzustands überlegte, ob es nicht besser wäre, sich im Jagdgalopp vom Pferd fallen zu lassen, als demnächst samt durchgedrehtem Vierbeiner auf einer befahrenen Landstraße zu enden. Übelkeit und zitternde Knie stellten sich immer erst ein, wenn ich wieder festen Boden unter den Füßen hatte.

In den Spitzenzeiten der Unberechenbarkeit begann selbst mein Mann, am Pferde-Keanu-Reeves zu zweifeln. Von Mal zu Mal ertrug er es schlechter, mich auf dem vierbeinigen Pulverfass vom Hof reiten zu sehen.

So konnte es nicht weitergehen, aber aufgeben kam auch nicht infrage. Neo war mein erstes eigenes Pferd, er war lieb, wenn auch hochgradig verkorkst. Ich wollte, dass er bei uns bleiben konnte. Also änderten wir den Plan. Mein Mann schwang sich auf sein mehr oder weniger geländetaugliches Fahrrad und fuhr voraus in den Wald. Ich folgte mit Neo, der sich so dicht wie möglich bei meinem Mann hielt und die Nase auf seine Schulter legte, wann immer er konnte.

Tatsächlich klappten die Ausflüge mit Begleitschutz viel besser, auch wenn meinem Mann beim Radeln im tiefen Sandboden die Oberschenkel schmerzten. Wir wiederholten das Manöver einmal pro Woche, Nase an Schulter, wobei mein Mann immer dieselbe Wildlederjacke trug, deren Geruch das Pferd zu beruhigen schien.

An den anderen Tagen übte ich mit Neo auf einem Stück Wiese im Garten. Ich brachte ihm einiges an der Hand bei, seitwärts und rückwärts gehen, Spanischen Schritt, bei dem das Pferd die Vorderbeine extra hoch hebt, oder Kompliment, eine Mischung aus Knicks und Verbeugung. Manchmal longierte ich ihn oder ritt auf der kleinen Fläche ein wenig im Kreis. Das klappte gut, Neo kooperierte, er lernte schnell und schien Freude an den kleinen Herausforderungen zu haben.

Fast jeden Abend sprachen mein Mann und ich über das Pferd. Wir analysierten seinen Charakter, freuten uns über Fortschritte, überlegten, auf welche Weise man dem Problem weiter beikommen könnte. Unsere Idee war, Neo mithilfe von Fahrrad und Wildlederjacke an den Wald zu gewöhnen, damit er seine Unsicherheit verlöre. Wenn er nach und nach verstünde, dass ihm im Gelände nichts passierte, würde er nicht mehr so irrsinnig erschrecken und kopflos durchgehen. Wir fühlten uns auf dem richtigen Weg.

Bis ich nach Monaten der Vorbereitung zum ersten Mal wieder allein ausritt, voller Freude und Optimismus. Es dauerte keine zehn Minuten, bis Neo die erste Kehrtwende hinlegte. Er erschrak heftig vor jedem raschelnden Blatt und schaffte es irgendwann, mit mir ins Unterholz zu preschen. Von Gewöhnung keine Spur. Nichts hatte sich geändert.

Ich kam völlig frustriert nach Hause und erklärte meinem Mann, dass wir umdenken mussten. Wir analysierten hin und her und kamen zu dem Schluss, dass Gewöhnung einfach die falsche Idee gewesen war. Aus Neos Sicht war der Wald niemals derselbe, jeden Tag konnten sich neue Gefahren dort verbergen, immer wieder raschelte ein anderes Blatt. In seiner kleinen Herde war er bislang stets das rangniedrigste Pferd. Wahrscheinlich brauchte er die Gegenwart eines »hohen Tiers«, um sich sicher zu fühlen. Und er glaubte einfach nicht, dass ich ein solches sei.

Das war unser trauriges Fazit: Neo und ich hatten es bis jetzt nicht geschafft, eine Zweier-Herde zu werden.

Die Herde

Obwohl Pferde schon so lange mit dem Menschen zusammenleben, gibt es erst seit jüngerer Zeit Forschungen zu ihrem Sozialverhalten. Solange die Vierbeiner vor allem als Kriegsgeräte dienten, waren sie als verhaltensbiologischer Untersuchungsgegenstand vermutlich nicht ausreichend interessant. Anders gesagt: Die hohe Nützlichkeit des Pferds stand seiner Anerkennung als Lebewesen im Weg.

Erst musste ein großer Paradigmenwechsel stattfinden. Wir Menschen mussten aufhören, Tiere und überhaupt die ganze Natur als unser Eigentum zu betrachten, mit dem wir nach Belieben verfahren können. Wenigstens in der westlichen Hemisphäre verbreitet sich seit einigen Jahrzehnten die Vorstellung von einem gemeinsamen, natürlichen Lebensraum, der schützenswert ist und in dem alle Arten eigene Rechte haben.

So kam der Tierschutz in die Welt, von dem nicht nur Exoten, sondern auch Nutztiere wie das Pferd profitieren.

Haltung und Umgang haben sich seit meiner Kindheit enorm verbessert. Dass heute immer noch so viel schief-läuft, ist meist nicht auf Gleichgültigkeit oder bösen Wil-len, sondern auf Unwissenheit zurückzuführen. Deshalb ist es so wichtig, dass sich neben Erfahrungswerten auch wissenschaftliche Erkenntnisse in der Pferdewelt verbrei-ten. Daraus, wie Pferde »sind«, können wir ableiten, wie sie behandelt werden wollen. Sie werden es uns durch größere Leistungsbereitschaft und stabilere Gesundheit danken. Eine Win-win-Situation, wie man heute sagt.

Wenn ich mal wieder beim Betrachten der Welt in tiefem Pessimismus versinke; wenn es wieder aussieht, als könn-ten wir Menschen gar nichts richtig machen, weil immer das, was dem einen nützt, einem anderen schadet, sodass selbst der beste Wille nicht zu guten Ergebnissen führt – dann gehe ich zu den Pferden. An ihnen sehe ich, dass die traurige Grundannahme eines »Entweder-Oder« nicht stimmt. Das Glück ist keine Waage, die nur in eine Rich-tung kippt. Auch kein Topf, um dessen Inhalt man Ver-teilungskämpfe führen müsste. Das Glück gleicht eher einem Füllhorn, das immer mehr enthält, je mehr man verschenkt. Deshalb lautet die Regel nicht: *Entweder* meinem Pferd geht es gut, *oder* ich habe Spaß beim Rei-ten. Sie lautet: Je besser es meinem Pferd geht, desto mehr Spaß – und vielleicht auch sportlicher Erfolg – wird mir zuteil.

Eine »gute« Handlung in diesem Sinne ist also nicht un-bedingt altruistisch geprägt. Im Gegenteil zeigt sich immer wieder, dass Menschen, die aus vermeintlich altruistischen Motiven handeln, nicht lange durchhalten. Entweder schlägt der Altruismus irgendwann in bittere Enttäuschung um, weil man doch heimlich erwartete, für seine guten Taten etwas zu bekommen, zum Beispiel Dankbarkeit oder Anerkennung. So ergeht es dem Pferdebesitzer vom Typ »beleidigte Leberwurst«, der seinem Pferd auf der Stallgasse in vorwurfsvollem Ton aufzählt, was er alles für es tut (teure Boxenmiete, gutes Spezialfutter, herrlich weiche Lammfellgamaschen), weshalb er sehr gekränkt ist, weil das Pferd beim Putzen trotzdem nicht stillsteht.

Oder aber der Altruismus schießt über das Ziel hinaus und beginnt, für den Begünstigten zur Plage zu werden. So ist es beim Mega-Kümmerer, der seinem Herzblatt die Möhren klein schneidet, es mit tausend Pülverchen füttert und es vor lauter Verletzungsgefahr nicht auf die Koppel lässt.

Aus meiner Sicht ist eine Handlung wirklich »gut«, wenn es ihr gelingt, zwei Motive miteinander zu verbinden: eigennützige und fremdnützige. Am Beispiel Pferd heißt das: Ich behandele mein Pferd möglichst artgerecht, weil mir Tierschutzgedanken wichtig sind. Gleichzeitig bekomme ich auf diesem Weg, was ich mir wünsche – einen verlässlichen Freizeitpartner, ein vertrauensvolles Familienmitglied, sportlichen Erfolg.

Um dieses doppelte Gelingen zu erreichen, muss ich im Fall eines Pferdes wissen, was artgerecht bedeutet. Dafür brauche ich möglichst umfassende Kenntnisse über seine Geschichte, seine Entwicklung und Lebensweise, weshalb es so wichtig ist, dass die Wissenschaft anfängt, uns diese

Informationen zur Verfügung zu stellen. Gleichzeitig muss ich mich einfühlen können, um wirklich zu verstehen, was das Pferd braucht.

Doppeltes Gelingen setzt also Verständnis voraus. Verständnis wiederum beruht auf Wissen und Empathie. Beides lässt sich erwerben. Folglich ist doppeltes Gelingen immer möglich. Zwischen Mensch und Tier genauso wie zwischen Mensch und Mensch. Wir müssen uns nur ein wenig darum bemühen.

Nicht nur die Pferde-, auch die Menschenwelt wäre ein besserer Ort, wenn diese Möglichkeit mehr Raum in unserem Bewusstsein fände. Oft genug wird verkannt, dass sittliches Verhalten kein Selbstzweck ist, sondern allen Beteiligten nützt. Ebenso oft wird Gutes gewollt und Schlechtes erreicht, bloß aus mangelnder Kenntnis und fehlendem Verständnis.

Auch wenn sich das doppelte Gelingen im täglichen Miteinander häufig nicht realisiert, hilft schon das Wissen um seine Existenz gegen Pessimismus. Die Synthese zwischen Egoismus und Altruismus, zwischen Ich und Du, zwischen Mensch und Tier ist von überwältigender Schönheit. Sie besitzt das Potenzial, uns glücklich zu machen. Täglich immer wieder danach zu streben, in kleinen Schritten, in allen Bereichen – dafür lohnt es sich, auf der Welt zu sein!

Niemand hat diese Zusammenhänge besser verstanden als ein Pferd. Als Herdentier ist es gewissermaßen der fleischgewordene Anwendungsfall des doppelten Gelingens. Eine

Pferdeherde ist ein durch und durch utilitaristisches Konstrukt. Denn das Wohlergehen aller sichert das Wohlergehen des Einzelnen und umgekehrt.

Vor hundert Jahren glaubte man noch, die soziale Struktur in Pferdeherden käme einer Hackordnung gleich. Sie wäre also dominiert von einem ständigen Ringen der Individuen um einen möglichst hohen Status in der Gemeinschaft. Der Leithengst würde darin als patriarchalisch-chauvinistischer Chef an der Spitze einer pyramidenförmigen hierarchischen Struktur fungieren, ständig bedroht vom Aufstiegswillen seiner Untergebenen.

Vielleicht ist dieser Irrglaube durch die Beobachtung von Hühnern entstanden, da viele frühe Verhaltensstudien in der Tierwelt an Geflügel durchgeführt wurden. In einer Dissertation aus dem Jahr 1921 wurde eine Hackordnung unter Hühnern als ein lineares System beschrieben, in dem von Alpha-Huhn bis Omega-Huhn alle Tiere einen festen Platz finden. Das Alpha-Huhn »hackt« alle anderen und wird von niemandem gehackt, das Beta-Huhn hackt sämtliche Hühner außer dem Alpha-Huhn und so weiter.

Die Hackordnung ist das Gegenteil von doppeltem Gelingen. In der Hackordnung gilt »entweder ich oder du«. Jedes Individuum erreicht Nutzen nur auf Kosten der anderen, egal, ob es um Futter, Fortpflanzung oder Status geht. Auf diese Weise wird soziales Miteinander zu einem System aus Antagonismus und Kampf.

Wichtig ist, zu verstehen, dass es sich bei der Hackordnung nicht um eine Realität handelt, sondern um eine menschliche Interpretation. In Wahrheit hat die Hackordnung überhaupt nichts mit der Tierwelt zu tun. Vielmehr spiegelt sie die menschliche Art, die Welt zu sehen.

Denn interessanterweise stimmt die Hackordnung nicht einmal für Geflügel. Ich bin keine Verhaltensforscherin, aber ich habe Augen im Kopf und massenweise Hühner in der Nachbarschaft. Wenn Hühner nicht in überfüllten Gehegen zusammengepfercht sind, sondern ausreichend Platz haben, um sich frei zu bewegen, tun sie sich in Cliquen zusammen, gründen Freundschaften, die sie auch wieder lösen, und wechseln innerhalb der Hierarchie häufig die Plätze. Es herrschen also Flexibilität und Fluktuation. Außerdem beobachtet man altruistische Verhaltensweisen. Hühner können sich durchaus gegenseitig vom Futter weghacken, sie können die Körner aber auch mit einer Freundin teilen. Manche Tiere suchen die Nähe eines kranken oder schwachen Artgenossen und achten darauf, dass dieser genug zu fressen bekommt. Auch bei Gefahr steht sich das Federvieh gegenseitig bei.

Ich glaube, dass die Forscher das Prinzip Hackordnung unbewusst von der Menschenwelt auf die Tierwelt übertragen haben – und dann wieder zurück. Zu Beginn des letzten Jahrhunderts war Gesellschaft ein autoritäres Gefüge, das im Faschismus seinen abscheulichen Höhepunkt fand. Die Idee des Lebens als Überlebenskampf zwischen Individuen und Arten hat ein politischer Biologismus zum Handlungsprinzip erhoben und schließlich unvorstellbare Verbrechen damit legitimiert. Kein Tier, weder Pferd noch Huhn, hat sich das ausgedacht.

Inzwischen haben sich unsere Gesellschaften demokratisiert, was zu einem neuen Menschenbild geführt hat. Seitdem gelingt es uns auch eher, Tiere als soziale Wesen zu betrachten und nicht nur als stumpfe Vollzugsorgane einer einprogrammierten Hierarchie. Bücher wie »Das geheime Leben der Bäume« von Peter Wohlleben setzen alles daran, das aggressive Naturbild vom Recht des Stärkeren durch ein Verständnis zu ersetzen, das vor allem Kooperation und Vernetzung zwischen den Organismen in den Mittelpunkt stellt.

Bei Pferden ist das Sozialverhalten noch wesentlich komplexer und noch weiter von der Idee einer Hackordnung entfernt als beim Huhn. Es ist zwar richtig, dass eine Rangordnung existiert. Aber nicht im Sinne einer starren Hierarchie. Es handelt sich eher um ein veränderbares Regelwerk, das den einzelnen Tieren Positionen und Funktionen zuweist, die für die Bewältigung des Alltags notwendig sind.

Egal, ob Mensch, Huhn oder Pferd – ein Leben in Gruppen ist ohne Aufgabenteilung kaum denkbar. Ständiges Chaos und daraus resultierende Konflikte wären viel zu kräftezehrend, gefährlich und dem gemeinsamen Fortkommen nicht dienlich. Gerade Pferde sind als Pflanzenfresser auf eine möglichst ruhige Lebensgestaltung angewiesen. Sie müssen den größten Teil des Tages mit Fressen verbringen, um ihren Energiebedarf zu decken. Auch müssen sie bei der Lebensführung darauf achten, nicht zu viele Kalorien zu verbrennen, da ihr Körper, anders als beim

Fleischfresser, nicht in der Lage ist, sehr schnell sehr viel Energie aufzunehmen. Pferde sind also nicht nur Gruppenwesen, sondern auch Energiesparer, was sie zu besonders friedlichen, kompromissbereiten Charakteren macht.

Die klassische Herde besteht aus einem Leithengst, einer Leitstute und mehreren weiteren weiblichen Tieren. Da der Hengst für Sicherheit und Zusammenhalt der Herde zuständig ist, kann die Gruppe nicht unbegrenzt groß sein und umfasst häufig nur eine Handvoll Individuen. In größeren Verbänden lebt manchmal ein zweiter Hengst, der bei der Aufgabenerfüllung hilft und die rangniederen Stuten decken darf.

Die Leitstute ist für die Regelung des Alltags zuständig. Sie bestimmt, wann und wo gefressen, getrunken oder geruht wird. Ranghöhere Tiere haben immer als Erste Zugang zu Wasser- und Futterquellen, was aber nicht heißt, dass sie nicht anderen Individuen den Vortritt lassen können.

Innerhalb dieser Grundstruktur kommt es zu unterschiedlichsten Mustern, von denen ich hier nur ein paar Beispiele aufzeigen möchte. Pferde schließen Freundschaften über alle Rangunterschiede hinweg; manche Bindungen halten ein Leben lang. Jungstuten helfen bei der Kinderbetreuung, wobei sie lernen, selbst einmal gute Mütter zu werden. Der Hengst übernimmt die körperliche Ertüchtigung der Jungpferde und fordert vor allem schwächere Exemplare immer wieder zum Spielen heraus. Pferde necken sich gegenseitig, sie kraulen einander die Rücken und Hälse, sie verteidigen ihre Freunde gegen Zudringlichkeiten anderer Individuen. Wenn sich die

Gruppe zum Schlafen niederlegt, werden ein oder mehrere Wachtposten aufgestellt. Wenn der Hengst »Gefahr!« signalisiert, gehen alle Köpfe gleichzeitig hoch, alle Körper schütten gleichzeitig Adrenalin aus und versetzen sich in einem Sekundenbruchteil in Fluchtbereitschaft. Als wäre die Herde ein einziger Organismus.

Um eine Herde zu verstehen, muss man sie als einen pausenlosen Kommunikationsprozess betrachten, in dem sich die Tiere mithilfe feinster Signale verständigen. Die meisten Zeichen sind auf Deeskalation und Bindungswunsch gerichtet. Bei Meinungsverschiedenheiten reicht meist ein Blick oder das Ohrenspiel, um die Frage zu klären. Nur äußerst selten kommt es zu echten körperlichen Auseinandersetzungen, zum Beispiel, wenn ein fremder Hengst ernsthaft den Leithengst herausfordert und sich durch Drohgebärden nicht abschrecken lässt. Im Normalbetrieb aber meiden Hengste wie Stuten die offene Aggression. Es gibt kein permanentes Anrennen von Einzelnen gegen die bestehende Ordnung. Normalerweise finden Pferde innerhalb der Gemeinschaft ihren Platz und sind damit zufrieden. Die meisten haben kein Interesse daran, Leithengst oder Leitstute zu werden. Es sind auch gar nicht unbedingt die körperlich stärksten Exemplare, die die höchsten Positionen bekleiden, sondern häufig die mit der größten Erfahrung und Sozialkompetenz.

Denn für das Überleben der Gruppe ist nicht nur körperliche Fitness, sondern vor allem ein intelligentes Management bei Nahrungsaufnahme, Fortpflanzung und Selbstverteidigung entscheidend. Hier realisiert sich das doppelte Gelingen auf ganz selbstverständliche, unspektakuläre Weise. Gerade dadurch, dass Pferde keine Egoisten sind, dienen sie den eigenen Interessen am besten.

Wenn es zwischen Pferden zu Unruhe, Aggression oder »Mobbing« kommt, liegt es meistens an Eingriffen des Menschen. In domestizierter Haltung können Pferde ihrem natürlichen Sozialverhalten oft nur eingeschränkt nachgehen. Viele leben nicht 24 Stunden auf der Weide, sondern kommen nur einige Stunden am Tag an die frische Luft – von Tieren, die rund um die Uhr im Boxenknast gehalten werden, ganz zu schweigen. Oft werden die Herden nach Stuten und Wallachen (kastrierten Hengsten) sortiert; ein echter Hengst ist im Normalfall gar nicht dabei.

Besonders schlimm für Pferde sind häufige Eingriffe in den Herdenverband. Neue Individuen kommen hinzu, andere verschwinden. Es gibt Pferdebesitzer, die ständig die Einteilung der Koppeln und Paddocks (umzäunte Sandplätze) ändern, weil sie sich einbilden, auf diese Weise das Sozialleben ihrer Tiere zu optimieren. »Sabrina drängt immer Flecki vom Futter weg, ich stelle sie mal mit Django und Fontane zusammen, die werden ihr schon zeigen, wo der Hammer hängt.« Durch ein solches Bäumchen-wechsel-dich kann sich keine stabile Rangordnung bilden. Immer wieder verlieren die Pferde gute Freunde und müssen sich mit Neuankömmlingen auseinandersetzen. Sie kommen nicht zur Ruhe, obwohl ihnen Ruhe doch das Allerwichtigste ist. In solchen Situationen ist es der vom Menschen erzeugte Stress, der zu Aggressionen und gegenseitigen Verletzungen führt. Was manche Besitzer dann veranlasst, ihr Pferd gar nicht mehr oder nur noch allein auf den Paddock zu stellen. »Jetzt reicht's mir, Dreamer hat schon wieder 'ne Schramme. Ab heute geht der nicht mehr mit den anderen raus. Ist einfach zu gefährlich.«

Ist es erst einmal so weit gekommen, sind Pferd und Mensch in zweifacher Hinsicht weit vom Gelingen entfernt. Das Pferd, weil es jeder Möglichkeit beraubt ist, ein ihm entsprechendes Leben in der Gemeinschaft zu führen. Und der Mensch, weil er von einem isolierten, unglücklichen Tier sogenannte »Widersetzlichkeiten« oder aber dumpfe Resignation zu erwarten hat. Oft häufen sich dann die Tierarztkosten, weil das unglückliche Pferd ständig »etwas hat« – von Husten über Stoffwechselprobleme bis hin zu Koliken und Magengeschwüren. Während Pferde, die rund um die Uhr in einer stabilen Herde auf der Koppel stehen, eher selten krank werden.

Ich schreibe diese Sätze nicht, um andere Pferdebesitzer zur Weidehaltung zu bekehren, obwohl auch das ein lohnendes Anliegen wäre. Mir geht es vor allem darum, zu zeigen, welchen Schatz an Erkenntnissen die Pferde für uns verwahren. Sie sind Botschafter der Tierwelt, die uns – zum Teil unter märtyrerhafter Selbstaufgabe – den Kontakt zum »Anderen« ermöglichen. Dadurch erzählen sie uns eine Menge über uns selbst. Über unsere Schwächen, aber auch über unsere Chancen. Als Vollprofis für friedliches Zusammenleben bewahren sie ein wichtiges Geheimnis:

nämlich dass echter Erfolg eine Symbiose von Selbsterhaltung und Arterhaltung darstellt und deshalb zuallererst große Verständigungsfähigkeit voraussetzt.

Mein Verdacht ist, dass Menschen diesen Reichtum instinktiv spüren, selbst wenn sie keine Pferdeleute sind. Neulich traf ich eine Freundin, die ein typisches hochbeschleunigtes 21.-Jahrhundert-Leben führt und keine besondere Beziehung zu Tieren hat. Als ich ihr erzählte, dass ich momentan etwas über Pferde schreibe, bekam ihr Gesicht einen verträumten Ausdruck. Sie sagte: »Ach ja, mit den Pferden hat es irgendetwas auf sich. Ich bin ja eigentlich kein großer Natur-Fan, aber wenn ich mal an einem Koppelzaun stehe, und dann kommt ein Pferd und schnuppert an meinen Händen – dann bekomme ich eine Gänsehaut und könnte heulen vor Glück.«

Ich weiß, was die schnuppernde Pferdenase meiner Freundin in diesem Augenblick sagt. Sie sagt: »Hey, du. Keine Ahnung, wer du bist, aber schön, dich zu sehen. Willst du mich streicheln? Das geht in Ordnung. Willst du auch noch ein Geheimnis wissen? Hier ist es: Entschleunigung heißt nicht, mehr Yoga zu machen. Sondern sich selbst weniger wichtig zu nehmen. Ich wünsche dir noch einen wunderschönen Tag.«

Man kann diese Dinge wahrscheinlich überall lernen, aber vielleicht nirgendwo so schnell wie am Pferd. Ich *musste* sie lernen, weil ich ein »Problempferd« zu Hause hatte. Nachdem alle selbst erdachten Versuche, Neo in ein einigermaßen umgängliches Tier zu verwandeln, mehr oder weniger gescheitert waren, beschloss ich, Hilfe zu suchen. Ich las Bücher, nahm Trainingsstunden, besuchte Fort-bildungsseminare. Im Grunde ging es darum, das zu wer-den, was man gemeinhin einen »Pferdeflüsterer« nennt.

Pferdeflüstern

Seit Mitte der Neunzigerjahre der Bestseller von Nicholas Evans erschien und erst recht, seit dann 1998 die Verfilmung von und mit Robert Redford herauskam, ist »Pferdeflüstern« auch außerhalb der Pferdewelt ein Begriff. Innerhalb der Pferdewelt sorgt das Wort eher für hochgezogene Augenbrauen – aus ganz unterschiedlichen Gründen. Auf der einen Seite gibt es immer noch Reiter, die glauben, man benötige vor allem Stiefel, Sporen und einen starken Willen, um mit jedem beliebigen Pferd zurechtzukommen. Auf der anderen Seite sprechen Menschen, die tatsächlich als Verhaltenstherapeuten für Pferde arbeiten, ungern vom Pferdeflüstern, weil der Begriff suggeriert, man brauche irgendeine geheime, halb mythische Fähigkeit, um mit Pferden in Kontakt zu treten. Diese Auffassung behindert die Arbeit von seriösen Trainern. Denn sie reparieren nicht Problempferde, sondern verbessern die Beziehung zwischen Pferd und Besitzer, was in den meisten Fällen den Schlüssel zur Beseitigung der Schwierigkeiten darstellt. Hintergrund des Konzepts ist also die Überzeugung, dass die Grundzüge des Pferdeflüsterns für jeden normalen Menschen erlernbar sind und gerade keine Wundergabe voraussetzen.

Mal abgesehen davon hat das, was »Der Pferdeflüsterer« zeigt, auch nur bedingt mit der Realität der Pferdearbeit zu tun. Zwar hat Robert Redford das Wesentliche erkannt, nämlich dass sich zur Lösung eines Problems nicht nur das Pferd, sondern auch der Mensch verändern muss und dass es manchmal eine regelrechte innere Revolution braucht, um im Verhältnis zum Pferd beziehungsfähig zu werden. Aber wenn ich dann zusehe, wie die Pferdeflüsterer-Figur Tom Booker stundenlang auf der Wiese herumhockt, um durch Nichtstun das Vertrauen des traumatisierten Tiers zu gewinnen, scheint mir eher »Der kleine Prinz« Vorlage für den Film gewesen zu sein als ein Buch über die Verhaltenspsychologie von Pferden. Und am Ende wird Booker dann auch noch richtig brutal.

Einer der bekanntesten Pferdeflüsterer in der echten Welt ist Monty Roberts, 1935 in Kalifornien geboren, der die Möglichkeit eines vergleichsweise gewaltfreien Umgangs mit Pferden weltweit bekannt gemacht hat. Ähnlich wie der Pferdetrainer Buck Brannaman aus Wisconsin, der für Redfords Film Modell stand, hat Monty Roberts in seinem Leben nicht nur sehr viel brutale Gewalt gegen Pferde gesehen, sondern wurde auch selbst in seiner Kindheit vom Vater misshandelt. Brannaman betont immer wieder, dass er durch seine schreckliche Kindheit weiß, was Angst bedeutet, weshalb er sowohl das Fluchttier Pferd mit seinen natürlichen Panikattacken als auch Menschen, die sich vor ihren eigenen Pferden fürchten, bestens verstehen kann. Vielleicht haben die schlimmen persönlichen Erfahrungen tatsächlich zu dem Feuereifer beigetragen, mit dem Roberts und Brannaman ihre Erkenntnisse über gewaltfreie Kommunikation in die Welt tragen.

Amerikanische Pferdetrainer lösten diesseits und jenseits des Atlantiks einen regelrechten Hype aus. Neben Brannaman und Roberts gibt es noch eine Reihe weiterer prominenter Personen wie Pat Parelli, Tom Dowell, Ray Hunt oder Mark Rashid, die für die Entwicklung der *Natural Horsemanship* eine große Rolle spielen. Aber vor allem Monty Roberts wurde in Deutschland nicht nur unter Pferdeleuten, sondern auch bei »Normalbürgern« zur Berühmtheit.

Dies ist verblüffend, weil Pferdesport seit Jahrzehnten eher an den Peripherien der öffentlichen Wahrnehmung stattfindet. Selbst Spitzenwettkämpfe mit deutscher Dominanz erregen hierzulande nicht annähernd so viel Interesse wie Fußball, Fahrradfahren, Tennis, Schwimmen oder die Formel 1. Anders als in England stellen Pferderennen oder Fuchsjagden bei uns keine wichtigen gesellschaftlichen Ereignisse dar. Pferdeliebe gilt als Mädchenkram und wird meist nur milde belächelt. Nachdem das Pferd über Jahrhunderte hinweg im Zentrum des öffentlichen Lebens stand, als Kriegsgerät, Mobilitätsmittel und Statussymbol, ist es mittlerweile zur Privatsache geworden. Was Pferde betrifft, scheinen die Deutschen ihr kulturelles Erbe umfassend vergessen zu haben.

Und dann rennen plötzlich Tausende zu Monty-Roberts-Shows und sehen zu, wie der kleine Mann aus Kalifornien im Round-Pen (einem runden, eingezäunten Arbeitsplatz) binnen kürzester Zeit ein junges Pferd einreitet oder ein Problempferd dazu bringt, in einen Anhänger zu gehen. Oder sie gucken im Fernsehen »Die Pferdeprofis«, wo Bernd Hackl und Sandra Schneider in jeder Folge neue Pferdeprobleme lösen.

Wie kann das sein? Warum schlug Robert Redfords Film ein wie eine Bombe, warum finden mit einem Mal auch echte »Pferdeflüsterer« so überwältigende Resonanz?

Denkbar wäre, dass die Wald-und-Wiesen-Romantik des Pferdefilms eine gewisse Anschlussfähigkeit an den wachsenden Kulturpessimismus besitzt. Vor allem seit der Jahrtausendwende drückt sich der Verdruss an einer vermeintlich komplizierten, schnellen, globalisierten Welt in wachsender Naturbegeisterung aus. Raus aus der Zivilisation, entschleunigen, vereinfachen, die wirre Welt vergessen. Lieber stundenlang auf einer Wiese statt am Computer sitzen. Magazine wie »Landlust« finden Millionen von Lesern, weil sie mit ihrer Hochglanzoberfläche aus Trockenblumensträußen, Korbsesseln und flackernden Kaminfeuern die Sehnsucht der Menschen nach Rückzug in eine authentische Idylle beschwören. Dahinter steckt in den meisten Fällen weniger echtes Interesse an

Tieren oder der Natur, sondern der Wunsch nach einer Lifestyle-Alternative zu Stress und Hektik in der digitalen Moderne. In diesem Sinne wäre das Pferd ein Verwandter der auf dem Großstadtbalkon gezogenen Bio-Tomate.

Obwohl dieser Zusammenhang auf den ersten Blick schlüssig wirkt, glaube ich nicht, dass er den Pferdeflüsterer-Hype tatsächlich erklärt. Da über solche Themen wenig nachgedacht, geschweige denn geforscht wird, kann ich mich nur auf meine eigene Wahrnehmung berufen. Mir scheint, dass der Marlboro-Charme eines Monty Roberts nicht dasselbe ist wie die Vintage-Gartenbank-Romantik eines Country-Magazins. Beim Marlboro-Cowboy ist die Natur nicht klein, weich und flauschig, kein Ort für Häkelanleitungen und Insektenhotels. Sie ist vielmehr hart, groß und gefährlich, voller Schönheit, aber ohne jedes Mitgefühl für den Menschen und seine Bedürfnisse. Der Marlboro-Cowboy muss die Natur ertragen, manchmal auch bezwingen. Eine kleine mobile Heimat aus Zigarette, Kaffee und Dosenbohnen trägt er bei sich. Er ist kein Zivilisationskranker, der in die Natur flieht. Vielmehr zieht er sich abends nach einem anstrengenden Tag an der frischen Luft in die verqualmte Mini-Zivilisation seines Lagerfeuers zurück.

Hinter der neuen Beliebtheit des Pferdeflüsterers steckt etwas anderes. Etwas viel Größeres. Ich würde sogar sagen, dass die Gründe tief an die Wurzeln unserer Identität reichen. Sie berühren eines der wichtigsten, vielleicht *das* wichtigste Thema unserer Zeit. Nämlich die radikale Veränderung von Geschlechterrollen.

Ursprünglich war Reiten reine Männersache. Das Handwerk der Jäger und Krieger, Ritter und Cowboys, Jockeys und Stierkämpfer. Auch an der 450 Jahre alten Spanischen Hofreitschule in Wien waren Frauen bis 2016 nicht als Bereiter zugelassen. Das weltbekannte Zentrum der klassischen Dressur hat bei der Diskriminierung von Frauen länger durchgehalten als viele Vorstandsetagen.

Nicht zufällig ließen sich die Herrscher vergangener Epochen gern zu Pferd malen oder in Stein hauen. Das Pferd als unterjochte, gefügig gemachte Kraft und Wildheit ist in der Bildersprache eine Verlängerung des chauvinistischen Machtanspruchs. Mit anderen Worten: ein urmännliches Symbol. Quer durch die Kulturen fungierte das Pferd nicht nur als nützliches Arbeitsgerät, sondern vor allem auch als Mittel zur Selbstdarstellung, sei es in alten Heldensagen, im Rittertum, beim europäischen Adel, in arabischen, iberischen oder amerikanisch-indianischen Kulturen. Gerade in Amerika hat der Cowboy die Tradition der Mann-Pferd-Beziehung im Sinne einer durch und durch maskulinen Domäne noch aufrechterhalten, als das Pferd in Europa als Kriegs-, Arbeits- und Fortbewegungsmittel längst ausgedient hatte.

Nach dem Zweiten Weltkrieg begann die Übernahme der Pferdewelt durch das weibliche Geschlecht, erst langsam, dann in immer rasanterem Tempo, in dem Maße, wie sich das Pferd zum Sport- und Freizeitpartner entwickelte. An dieser Stelle wird vielleicht deutlich, worauf ich hinauswill: Die Symbolwirkung des Pferdes für die menschliche Geschlechteridentität ist keineswegs beendet. Im Gegenteil. Sie ist vielleicht stärker denn je. Nachdem das Pferd Hunderte von Jahren für den männlichen Herrschaftsanspruch stand, steht es heute für die weibliche Emanzipation, und zwar in Form eines Siegeszugs, einer Übernahme männlicher Territorien durch die Frau. Tatsächlich ist Reiten bislang die einzige sportliche Disziplin, in der echte Gleichberechtigung zwischen den Geschlechtern verwirklicht wurde. Alle Wettbewerbe werden für Männer und Frauen zugleich ausgeschrieben. Im Dressursport reiten Frauen ihren männlichen Kollegen davon – man nehme nur Isabell Werth, die erfolgreichste Reiterin aller Zeiten.

Ich bin sicher, dass solche kulturell-symbolischen Zusammenhänge in unserem Unterbewusstsein mächtige Wirkung entfalten. Im Reitstall erleben Pferdefrauen den »Geschlechterkampf« Tag für Tag als gewonnenes Spiel. Sie haben die (Reit-)Hosen an und sitzen nicht mehr im Damensattel, sondern rittlings auf dem Pferd, während das Symboltier für maskuline Kraft nun ihrem Willen zu folgen hat.

Daneben steht der männliche Reitanfänger als Sinnbild des modernen, verunsicherten, halb emanzipierten Mannes und versteckt peinlich berührt die Gerte hinter dem Rücken, während massenweise Pferdefrauen mit Physio-Satteldecken und Therapie-Lasern um ihn herumlaufen. Über seinem Kopf schwebt eine große Gedankenblase, die einen Cowboy mit Hut und riesigen Sporen auf dem Rücken eines buckelnden Mustangs zeigt. Bildunterschrift: Irgendwie hatte Robert sich sein neues Hobby anders vorgestellt.

Die »Verweiblichung« der Gesellschaft. Der mit aller Härte aus dem maskulinen Selbstverständnis vertriebene Mann. Die profunde Verunsicherung darüber, was denn die männliche Identität heute noch beinhalten soll. All das bringt der Reitstall wie ein Brennglas auf den Punkt. Das Amazonen-Land, ein prototypisches Matriarchat. Hier geben Frauen den Ton an, hier dürfen sich kleine Mädchen schmutzig machen. Hier finanzieren reiche Männer ihren Frauen das teure Hobby und tragen ihnen auf dem Turnier wie ein Laufbursche den Sattel hinterher.

Und dann kamen sie, in den späten Neunzigerjahren, am Ende eines zutiefst verwirrenden Jahrhunderts: moderne Cowboys aus Kalifornien! Hut, Stiefel, Jeans, Gürtelschnalle, Schnurrbärte und wettergegerbte Gesichter – alles unverändert. Nur dass sie ihre Ziele nicht mehr mit Brutalität, sondern »flüsternd« erreichten, also mit Verständnis und Kommunikation.

»Pferde« und »flüstern«: So betrachtet, stellt schon das Wort eine Vereinigung des männlichen mit dem weiblichen Element dar. Der Mann reitet, die Frau flüstert – diese Zeiten sind vorbei. Heute steht der Pferdeflüsterer für einen neuen maskulinen Prototypus, der zeigt, wie man unter aktuellen Bedingungen ein echter Kerl sein kann. Der weich gewordene, emotional kompetente Cowboy ist kein peinlicher Hanswurst, sondern ein Siegertyp.

Hierauf gründet die Faszination von Monty Roberts und Buck Brannaman, von denen sich Frauen und Männer gleichermaßen angezogen fühlen. Der Pferdeflüsterer erzählt durch sein Auftreten, sein Aussehen und die Art seiner Arbeit die Geschichte von der Rückkehr des geläuterten Machos ins inzwischen weiblich gewordene Geschäft. Er weckt eine Hoffnung, auf die wir in der letzten Phase unserer unvollendeten Emanzipationsgeschichte dringend angewiesen sind: dass es möglich ist, zu einer neuen Symbiose zwischen dem Männlichen und dem Weiblichen zu gelangen, ohne sich selbst zu verlieren.

Abgesehen von dieser gewissermaßen popkulturellen Wirkung des Pferdeflüsterers verdankt sich der Erfolg von kommunikationsbasiertem Training vor allem der Tatsache, dass es funktioniert. Es ist schlicht und ergreifend der Königsweg zum doppelten Gelingen. Es beweist, dass der »sanfte« Ansatz nicht nur zeitgemäßer, sondern eben auch effizienter ist als alle brutalen Ausbildungsmethoden.

Inzwischen haben die amerikanischen Pferdetrainer in Deutschland viele Nachfolger gefunden. Immer neue Methoden haben sich ausdifferenziert. Es wurden geschlossene Instruktionssysteme entwickelt wie das von Pat Parelli. Es wurden Akademien gegründet wie die von Kiki Kaltwasser, Andrea Kutsch oder Linda Weritz. Das Angebot von Coachings, Büchern, Seminaren, Workshops, Online-Fortbildungen und zertifizierten Trainerlehrgängen ist schier unüberschaubar geworden.

Natürlich produziert die Ausdifferenzierung der Methoden auch erbitterten Streit zwischen Vertretern der verschiedenen Herangehensweisen. Arbeitet Monty Roberts mit zu hohem Druck? Ist Pat Parelli nur ein geschickter

Merchandiser? Gibt es für die Dualaktivierung tatsächlich eine physiologische Grundlage, oder handelt es sich um blau-gelben Humbug? Hat Uwe Weinzierl eine Methode, oder spielt er nur den singenden Clown auf dem Pferd? Ist Sandra Schneider mit ihrem ständigen »Priiiima« nicht zu weich und Bernd Hackl mit seiner Strick-und-Lasso-Akrobatik zu hart? Braucht man den akademisch-theoretischen Überbau von Linda Weritz, oder reicht es, sich beherzt in die Praxis zu stürzen, wie Michael Geitner behauptet?

Den Pferden dürften solche (vor allem auf Facebook ausgetragenen) Auseinandersetzungen ziemlich gleichgültig sein. Gewiss ist es wichtig, Methoden immer wieder auf den Prüfstand zu stellen – zuallererst die eigene, dann vielleicht auch die von anderen. Interessanter finde ich aber die Frage, was die verschiedenen Ansätze eint. Meiner Meinung nach besitzen sämtliche Herangehensweisen von Horsemanship oder kommunikationsbasiertem Verhaltenstraining einen gemeinsamen Kern, sodass es letztlich wohl darum geht, auf unterschiedlichen Wegen zum gleichen Ziel zu kommen: zur nonverbalen Sprachfähigkeit.

Fremdsprache
(Tu es oder tu es nicht)

Um zu erahnen, wie sich ein Pferd unter Menschen fühlt, stelle ich mir vor, als Fremde in einem Land zu leben, dessen Sprache ich nicht einmal im Ansatz verstehe. Die Leute reden auf mich ein, stellen Fragen, geben mir Befehle – ich begreife nichts. Ich versuche, durch freundliche Gesten zu signalisieren, dass ich guten Willens bin. Ich versuche herauszufinden, was man von mir will. Manchmal sind die Leute nett, reichen mir kleine Leckerbissen als Geschenke, streicheln mich. Dann werden sie plötzlich wütend, schreien mich an, schlagen mich sogar mit einer Gerte. Mit der Zeit lerne ich in groben Zügen, was ich tun soll. Um Ärger zu vermeiden, halte ich mich an die Regeln, so gut ich kann. Da das ständige Gerede keinerlei Bedeutung für mich besitzt, schalte ich meistens ab und nehme die Menschen um mich herum kaum noch wahr. Ich gehe in die innere Emigration, lebe in meiner eigenen

Welt, während ich mich äußerlich bemühe, keine Fehler zu machen. Trotzdem passiert es immer wieder, dass ein Mensch ausrastet und zu brüllen beginnt, ohne dass ich die geringste Ahnung habe, warum. An manchen Tagen bin ich weniger duldsam. Da verweigere ich die Zusammenarbeit und beginne mich zu wehren. Vor allem, wenn der Mensch, mit dem ich gerade zu tun habe, besonders heftig ist. Aber mein Widerstand führt nicht dazu, dass jemand versuchen würde, mir zuzuhören. Ich werde einfach noch härter bestraft. Manchmal begegne ich auch Menschen, die sanfter wirken als andere. Aber ich habe gelernt, dass ich niemandem trauen kann. Unberechenbar sind sie alle. Ihre Unberechenbarkeit ergibt sich aus meinem Nichtverstehen. Ich lebe in einer vertrauensfreien Welt, immer in dem Bewusstsein, aus heiterem Himmel für etwas bestraft werden zu können, das ich nicht getan habe.

Wenn man sich das übliche, von Unverständnis geprägte Mensch-Pferd-Verhältnis mithilfe eines solchen Gedankenspiels vor Augen ruft, wird schnell klar, wie hoch dabei das Leidenspotenzial für die Tiere und letztlich auch für die Menschen ist. Ebenso klar ist, dass eine solche Lage denkbar ungeeignet ist, um gute Ergebnisse hervorzubringen, zum Beispiel bei sportlichen Herausforderungen oder der gemeinsamen Bewältigung einer gefährlichen Situation.

Verständigung muss her. Aber wie? Verbalsprache kommt für das Pferd nicht in Betracht. Zwar können Pferde einzelne Wörter unterscheiden. Sie wissen, was gemeint ist, wenn der Mensch am anderen Ende der Longe »Scheeerrr-ritt!« oder »Teeerrrab!« ruft. Das sind konditionierte Signale, die zur Übermittlung eines simplen Befehls funktionieren.

Die üblichen Stallgassenmonologe vieler Pferdebesitzer aber dürften beim Pferd bestenfalls als verbales Hintergrundrauschen ankommen.

»So, mein Junge, da ist der Sattel, Achtung, nicht die Luft anhalten, wir machen das ganz vorsichtig, alles gut, hey, pass doch auf, das war mein Fuß, kannst du nicht mal stillstehen, mein Gott, du bist doch kein Fohlen mehr, reiß dich jetzt mal zusammen«, und so weiter, und so weiter.

Das alles besitzt keinerlei Bedeutung für ein Pferd. Selbst der Auffassung, man könne sein Pferd mit derartigem Geplapper beruhigen, stehe ich skeptisch gegenüber. Ich beobachte eher, dass Menschen versuchen, durch ständiges Reden selbst Stress abzubauen, während Pferde mühelos die wahre Stimmung hinter den vermeintlich beruhigenden Worten erkennen.

Es muss also um nonverbale Kommunikation gehen, um bestimmte Gesten, Bewegungen und Schrittfolgen, mit denen wir dem Pferd vermitteln können, was wir von ihm wollen. Insoweit sind sich alle Horsemanship- und Pferdetrainingslehren ziemlich einig. Auch ist unbestritten, dass der Mensch gegenüber dem Pferd eine Führungsrolle einnehmen muss. Nicht, weil es um das Etablieren einer »Ich Chef, du nix«-Beziehung ginge. Sondern weil das Pferd sich nur neben einem als Leittier akzeptierten Wesen sicher fühlt, insbesondere beim Auftauchen echter oder vermeintlicher Gefahren. Anders als in freier Wildbahn ist es in der Zivilisation keine gute Idee, dem Pferd die Entscheidung über Flucht oder Ausharren zu überlassen.

Beobachtet man das Sozialverhalten innerhalb von Pferdeherden, entdeckt man eine Vielzahl von körpersprachlichen Signalen, mit denen der permanente Kommunikationsprozess gestaltet wird. Pferde starren ein anderes Tier frontal an, um es zum Ausweichen aufzufordern. Sie wenden den Blick ab und lecken sich die Lippen, wenn sie einen latent aggressiven Artgenossen beschwichtigen wollen. Ohrenanlegen kann eine Drohung sein, ebenso Stampfen mit den Vorderbeinen oder das Anheben eines Hinterbeins. Ein peitschender Schweif drückt Unbehagen aus, eine angehobene, hin und her wackelnde Oberlippe Wohlbefinden, zum Beispiel bei der Fellpflege. Die Liste ließe sich noch gewaltig verlängern.

Einige dieser Zeichen kann der Mensch nachahmen. Ich kann meinem Pferd direkt in die Augen schauen und auf es zugehen, um ihm zu sagen: »Geh zur Seite, ich bin ranghöher als du.« Wenn das Pferd in dem Moment einfach stehen bleibt, weiß ich, dass mit unserer Beziehung etwas nicht stimmt. Entweder habe ich bislang nur in einem nicht-pferdischen Kauderwelsch auf das Tier eingequatscht, sodass es nicht einmal mehr versucht, meine Signale zu interpretieren. Oder es versteht mich sehr gut, ist aber nicht der Meinung, dass ich eine höhere Position einnehme. In beiden Fällen besteht Anlass, mit dem Pferd am Boden (und nicht nur vom Sattel aus) zu arbeiten.

Tatsächlich ist das Weichenlassen ein wichtiges Mittel zur Begründung der Führungsrolle. Pferde errichten ihre Rangordnung nach dem Prinzip »Wer bewegt wen«. Ein ranghöheres Tier treibt ein niedrigeres vor sich her. Wenn die Leitstute kommt, gehen die anderen zur Seite. Sollte das nicht automatisch passieren, wird sich die Chefin durch ein paar kurze Drohgebärden Platz verschaffen.

Genau hier beginnt für den Menschen das Problem. Mit dem Anlegen der Ohren haben wir Schwierigkeiten, und auch den peitschenden Schweif kriegen wir nicht hin. Wir können ein »Hinterbein« anheben, aber das sieht bei uns so komisch aus, dass ein Pferd die Geste kaum ernst nehmen wird. Kurz gesagt: Wenn man völlig unterschiedliche Körper hat, ist Körpersprache ein kompliziertes Geschäft.

Wunderbarerweise funktioniert es aber trotzdem. Hier kommen wir zum Eingemachten, zum Wesenskern aller Horsemanship- und Pferdetrainingsmethoden. Vielleicht auch zu den tieferen Schichten dessen, was Kommunikation überhaupt ist, egal, zwischen welchen Lebensformen.

Bei der Arbeit mit Pferden begreift man schnell, dass Verständigung nur auf der ersten Ebene auf gemeinsamen Vokabeln oder Gesten beruht. Auf der zweiten Ebene geht es um etwas Diffuseres. Manche Pferdeleute nennen es »Stimmungsübertragung«. Das finde ich fast zu allgemein. Fakt ist: Wenn ich mit einem Pferd im Roundpen bin und ein guter Kontakt errichtet ist, reicht ein Blick, um das Pferd zum Antraben zu veranlassen. Bei sensiblen Pferden reicht es, daran zu denken, dass das Pferd antraben soll. Telepathie?

In »Star Wars: Episode V« sagt Yoda zu Luke Skywalker während seiner Ausbildung auf Dagobah: »Tu es oder tu es nicht. Es gibt kein Versuchen.« In »Episode I« sagt Qui-Gon Jinn zu Obi-Wan Kenobi: »Du darfst niemals vergessen: Deine Wahrnehmung bestimmt deine Realität«, und an anderer Stelle im gleichen Film: »Fühlen, nicht denken!«

Für Jedi-Ritter im Umgang mit der Macht ist eins völlig klar: Die Gedanken eines Wesens bestimmen die Gefühle, die Gefühle bestimmen den Körper, der Körper bestimmt die Handlungen und damit die Realität.

Heutzutage erklärt man solche Phänomene der »Gedankenübertragung« nicht mehr mit Parapsychologie, sondern mit Biochemie. Weil ich einen bestimmten Gedanken fasse, oder besser: ein inneres Bild erzeuge, schüttet mein Körper diese und jene Botenstoffe aus, welche dann dafür sorgen, dass sich mein Muskeltonus verändert, meine Haltung, mein Gesichtsausdruck, mein Geruch. Solche Veränderungen, und seien sie noch so minimal, werden von anderen Lebewesen wahrgenommen und interpretiert. Jedenfalls von Pferden. Ich muss also gar nicht die Ohren anlegen. Es reicht zu denken: Geh mir aus dem Weg!

So betrachtet, sind also alle Pferde Jedis von Geburt, während wir Menschen das Jedi-Rittertum mühsam und manchmal schmerzlich erlernen müssen.

Nachdem ich zu diesen Themen das eine oder andere Buch gelesen und mir ein paar Gedanken gemacht hatte, ging ich zu Neo. Ich stellte mich vor ihn und dachte, so laut ich konnte: Tritt zur Seite!

Absolut nichts passierte. Ich schaute ihm fest in die Augen und ging einen Schritt auf ihn zu. Er schaute freundlich zurück und blieb stehen, in Erwartung eines Leckerlis oder einer Streicheleinheit. Ich probierte andere Techniken, die ich aus Büchern oder Videos kannte. Wirbelte einen Strick, um Neo vor mir herzutreiben. Übte »Pressure and Release«, also das Aufbauen von Druck durch wiederholte Signale mit Nachlassen im richtigen Moment. Sensibilisierung und Desensibilisierung, positive und negative Verstärkung. Es hat null funktioniert. Neo nahm mich einfach nicht ernst. Beim Führen überholte er mich weiterhin. Er rempelte mich mit der Schulter an, sprang mir auf den Fuß, wenn er sich erschreckte, und floh ohne Rücksicht auf Verluste, wenn ihm Flucht sinnvoll erschien. Da konnte ich denken, was ich wollte, und innere Bilder produzieren wie ein Diaprojektor. Neo blieb in seiner eigenen Welt.

Meine erste Trainerin für Pferdekommunikation hieß Tessa. Sie betrieb einen kleinen Stall auf der anderen Seite von Berlin. Ich buchte ein Wochenendseminar und setzte mich früh morgens ins Auto, um pünktlich um neun am Rand des Roundpens zu stehen. Wir waren eine Gruppe von zehn Personen, ausnahmslos Frauen. Die meisten wesentlich jünger als ich, Schulabgängerinnen auf der Suche nach beruflicher Orientierung. Auf bestem Weg, ihre Obsession zur Profession zu machen. Mit meinen 35 Jahren war ich eine Art Alterspräsidentin. Außerdem fühlte ich mich fehl am Platz, weil ich nicht schon zwanzig andere

Fortbildungen besucht hatte. Einige der Teilnehmerinnen schienen sich zu kennen, sie plauderten mit Tessa über Ereignisse auf der letzten Pferdemesse Equitana, nannten die Namen von anderen Trainern und Pferden und klangen so professionell, wie sie einmal werden wollten. Tessa war etwa so alt wie ich, eine zierliche Frau mit dunkler Lockenmähne und einem glatten Puppengesicht. Ich hatte sie mir anders vorgestellt, irgendwie … männlicher, jedenfalls weniger hübsch. Die ersten Minuten war ich damit beschäftigt, sie anzustarren und mit ihrer elfenhaften Schönheit klarzukommen. Sie trug saubere Kleidung der Edel-Reiter-Marke Prestige und hochwertige Stiefeletten, keine abgewetzten Jeans und Turnschuhe wie ich. Sie wirkte sympathisch, kompetent und ziemlich einschüchternd, was außer mir niemandem aufzufallen schien.

Tessa begann mit theoretischen Ausführungen zur Pferdekommunikation. Das meiste wusste ich bereits aus meinen Büchern. Dann holten wir Pferde von den Paddocks, mit denen wir im Roundpen das Gespräch aufnehmen sollten. Die Teilnehmerinnen vor mir kamen ganz gut zurecht. Sie schickten ihre Pferde in allen Gangarten im Kreis, beantworteten nach Tessas Anweisung ihre körpersprachlichen Signale, ließen sie mehrfach die Richtung wechseln und wandten sich irgendwann von ihnen ab, worauf das jeweilige Pferd sofort in die Mitte kam und seiner Partnerin wie ein Hund im Schritt durch den Roundpen folgte. Ein sicheres Zeichen, dass die Verständigung geklappt hatte. Tessa erklärte, lobte, kritisierte. Die Teilnehmerinnen diskutierten Details mit ihr – wieso darf ich beim Richtungswechsel die Hand nicht heben, das hab ich immer so gemacht, wieso muss ich in diesem oder jenem Moment zu Boden schauen, wieso verzichten wir hier komplett auf Stimmsignale? Tessa rechtfertigte ihren persönlichen Ansatz, bis alle zufrieden waren. Fachgespräche unter Fachleuten.

Dann war ich an der Reihe. Mein Pferd hieß Hermann, war zehn Jahre alt und ziemlich dick. Er hatte sich schon beim Führtraining außerhalb des Roundpens von mir ziehen lassen, was mir immer wieder Zurechtweisungen von Tessas Seite eingetragen hatte: »Der Strick muss durchhängen! Er soll dir folgen, du sollst ihn nicht hinter dir herschleifen. Übertrage deine Energie auf ihn!« Aber Hermann interessierte sich nicht die Bohne für meine Energie. Ich hatte schon angefangen, ihn zu hassen, bevor wir gemeinsam den Roundpen betraten.

Vor dem Kurs war ich ein wenig nervös gewesen. Ich hatte mir vorgestellt, dass wir es mit Problempferden zu tun bekämen, mit schlimmeren Exemplaren als Neo, die stiegen, buckelten oder gezielt nach dem Menschen traten. Stattdessen stand Hermann vor mir im Sand, guckte in die Gegend und machte keine Anstalten, sich in Bewegung zu setzen.

»Schick ihn los!«, rief Tessa. »Auf geht's! Mehr Energie!«

Ich guckte Hermann in die Augen, holte tief Luft, machte mich groß, wie ich es gelernt hatte. Er trottete erst los, als ich hektisch mit dem Strick zu wedeln begann. Ich lief hinter ihm her, um ihn schneller zu machen, aber offensichtlich hatte das keinen Effekt. Hermann latschte im Kreis, blieb gelegentlich sogar stehen. Ich bekam ihn nicht in den Trab. Als ich anfing, mit den Armen zu wedeln, zu stampfen und wild mit der Zunge zu schnalzen, fuhr Tessa mir in die Kandare.

»So nicht! Konzentrier dich! Bündele deine Energie! Wenn du hinter ihm herumzappelst, sendest du keine verständlichen Signale.«

Ich gab wirklich mein Bestes, versuchte, mich zu konzentrieren, fing zwischendurch wieder an zu stampfen und zu schnalzen, und Tessa wurde immer ungeduldiger mit mir.

»Es liegt an der Art, wie du läufst. Entweder bist du total schluffig oder total hektisch. Setz doch mal die Füße fest auf den Boden. Nein, nicht wie ein Soldat! Ganz natürlich, entspannt, aber trotzdem energisch!«

Ich stolzierte im Roundpen hin und her, hob die Knie, wackelte mit der Hüfte, versuchte, auf immer neue Art anders zu laufen, aber Tessa war mit nichts zufrieden. Hermann stand am Tor und sah gelangweilt zu. Selten zuvor hatte ich mich so lächerlich gefühlt. Nicht, dass die anderen Teilnehmerinnen gelacht oder getuschelt hätten. Es war eher so, dass sie sich abwandten und anfingen, auf ihren Smartphones zu scrollen. Hoffnungsloser Fall. Das kann dauern.

Irgendwann platzte mir der Kragen. Auf Theaterproben habe ich erlebt, wie Regisseure Schauspieler auf der Bühne mit ihrer Dauerkritik fertigmachten, bis diese brüllten oder heulten. Jetzt verstand ich, wie die Schauspieler sich dabei fühlten. Ich stand auf einer Bühne, und alles an mir war falsch. Wie ich guckte, wie ich ging. Wie ich die Hände bewegte. Was ich dachte, was ich fühlte. Alles falsch. Je mehr ich mich bemühte, desto falscher wurde es.

»Warum hab ich denn so ein Scheißpferd?«, schrie ich. »Wenn der nicht so faul wäre, würde ich das auch besser hinkriegen!«

»Komm bitte mal kurz raus«, sagte Tessa und erhob sich von ihrem Regiestuhl. Sie öffnete das Tor, ich verließ den Roundpen.

Schon als sie die Manege betrat, hob Hermann den Kopf und spitzte die Ohren. Ich sah, wie er quasi in einen anderen Aggregatzustand überging. Energie. Hormone. Die Macht. Midi-Chlorianer. Was auch immer – Tessa besaß es. Sie reckte auffordernd das Kinn, und als das nicht half, zuckte sie mit der linken Schulter. Hermann lief los, Tessa begleitete ihn auf einem kleineren Kreis. Ich versuchte zu erkennen, wie sie die Füße setzte. Es sah ganz normal aus. Wieder reckte sie das Kinn, zuckte mit der Schulter, duckte sich leicht. Hermann trabte an.

»Er ist wirklich etwas zäh heute«, sagte sie tröstend zu mir. »Aber du siehst, dass es geht.«

Tessa arbeitete Hermann ein paar Minuten auf beiden Händen und in allen Gangarten, dann verließ sie den Roundpen. Hermann folgte ihr wie ein Hündchen bis zum Tor.

»Jetzt du«, sagte Tessa.

Ich schüttelte den Kopf. Ich hatte Lust zu heulen und kam mir vor wie ein dummes kleines Mädchen.

»Kein Problem«, sagte sie. »Dann bist du heute Nachmittag wieder dran.«

Den Rest des Tages blieb ich schweigsam. Am Nachmittag bekam ich ein anderes Pferd, eine junge Stute, die eher zu schnell als zu langsam lief. Mit ihr klappte die Verständigung ein wenig besser. Ich konnte sie veranlassen, die Richtung zu wechseln, aber dafür ließ sie sich nicht anhalten und war auch nicht bereit, mir durch den Roundpen zu folgen. Ich wusste inzwischen, warum. Ich sah mich mit ihren Augen. Meine Bewegungen waren zu groß, zu fahrig, es waren keine »echten« Bewegungen, es waren nicht meine. Ich versuchte, etwas nachzuahmen, das ich in Büchern gelesen oder bei Tessa gesehen hatte. Ich spielte Kommunikation, statt in der Kommunikation zu »sein«. Das klang nach blödem Therapeutendeutsch, aber ich fand keine passenderen Worte, um mir selbst zu erklären, worum es hier ging. Die junge Stute tat mehr schlecht als recht, was ich wollte; wahrscheinlich war sie schon öfter im Roundpen gewesen. Aber sie trat nicht mit mir in einen Dialog. Die Energie stimmte nicht.

»Das war doch schon viel besser«, lobte Tessa.

Meine Erschütterung blieb. Ich hatte nie geglaubt, eine besonders gute Reiterin zu sein. Aber ich hatte geglaubt, mit Pferden gut zu »können«, besser als die meisten anderen Menschen. Einen gewissen Draht zu ihnen zu haben. Das war eine Überzeugung aus Pferdemädchentagen, ein Pferde-Selbstbewusstsein, von dem ich jetzt, da es mit Getöse unterging, merkte, wie viel es mir bedeutet hatte. Die

Wahrheit war, ich konnte überhaupt nichts. Vielleicht war ich damals ein bisschen weniger schlecht gewesen als die anderen Pferdemädchen, vielleicht nicht einmal das. Ansonsten hatte es vor allem Pferde gegeben, die nichts verstanden und trotzdem mehr oder weniger errieten, was man von ihnen wollte.

Bevor ich am Abend nach Hause fuhr, nahm Tessa mich beiseite.

»Du kommst doch morgen wieder?«

»Klar«, sagte ich, obwohl ich nicht die geringste Lust dazu verspürte.

»Du wirst das lernen«, sagte sie. »Es ist Übungssache.«

Das glaubte ich nicht. Wie sollte ich etwas üben, von dem ich keine Ahnung hatte, wie es ging? Ich wusste nicht, wie ich aus dem »Nachahmen« ins »Sein« hinüberwechseln sollte. Wie man Energie bündelte und sendete. Wie man ein inneres Bild erzeugte, das mehr war als ein hölzerner Lauf-doch-Befehl, den man im Kopf laut dachte. Woher sollte die geistige Kraft kommen, das Gedankenfeld, in das man gemeinsam mit dem Pferd eintauchte? Ich hatte nie Yoga gemacht, nie meditiert, mich nie sonderlich für Buddhismus interessiert und die meisten Sätze, in denen die Wörter »Energie«, »Kraft« oder »Geist« vorkamen, sofort als esoterischen Unsinn abgetan.

Das sagte ich Tessa. Sie lachte ein bisschen und antwortete: »Ich verstehe.«

Sie versicherte noch einmal, dass ihre Methode mit Esoterik nichts zu tun habe. Das meiste davon sei eine mentale Technik, der Rest das Einstudieren bestimmter, wohldosierter Gesten.

»Es ist wirklich nicht schwierig«, sagte sie. »Wenn man den Trick einmal raus hat.«

Ich merkte, dass ich sie mochte, obwohl sie mich im Roundpen gnadenlos runtergemacht hatte. Sie war bodenständig und versuchte nicht, ihr Handwerk ins Mysteriöse zu verklären.

»Man muss vor allem das Ego loslassen«, sagte Tessa.

»Ego« und »loslassen« waren zwei weitere Wörter, die ich schlecht ertrug. Ich beschloss, meinen Widerwillen zu ignorieren, und fragte lieber, was das konkret bedeuten sollte.

»Wenn du überlegst, ob du es gut machen wirst, hast du meistens schon verloren«, sagte Tessa. »Angst, Zweifel, Ehrgeiz und Ähnliches müssen draußen bleiben, wenn du den Roundpen betrittst.«

Klar, dachte ich, die führen ja auch auf die dunkle Seite der Macht. Und schon sagte Tessa:

»Tu es oder tu es nicht. Es gibt kein Versuchen.«

Vielleicht hätte ich meinen Mann mit zum Kurs bringen sollen. Er hätte wahrscheinlich keine Probleme mit Hermann gehabt.

Bislang hatte ich gedacht, das »Ego« sei eine Instanz, die dazu neige, sich selbst toll und wichtig zu finden und alles den eigenen Interessen unterzuordnen. Jetzt verstand ich, dass das Ego vor allem Ängste produzierte. Nicht so sehr die Angst vor Verletzungen, zum Beispiel durch ein wild herumtanzendes Pferd. Was physische Gefahren betraf, war ich ziemlich furchtlos, sehr zum Leidwesen meines Mannes. Es ging eher um die Angst, etwas nicht richtig zu machen. Zu scheitern, zu versagen. Wenn etwas nicht klappte, wurde ich erst unsicher, dann wütend. Erst recht, wenn ich dabei noch kritisiert wurde.

Das ist natürlich sehr menschlich. Aber genau deshalb beim Umgang mit Pferden ein Problem. Denn Pferde haben kein Ego. Sie kennen keinen Selbstzweifel, aus ihrer Sicht gibt es kein Scheitern. Es gibt Sicherheit, und es gibt Lebensgefahr. Sie folgen ihren Instinkten. Aus ihrer Sicht ist ihr eigenes Verhalten stets folgerichtig, Niemals machen sie etwas, um andere zu ärgern oder ihnen zu schaden. Warum sollten sie auch? Sie sehen ja gar keinen Sinn darin, für ihr persönliches Fortkommen zu kämpfen und zu diesem Zweck andere zu »bashen«. Jedes Pferd hat einen eigenen, unverwechselbaren Charakter und erhält dementsprechend seinen Platz und seine Aufgaben innerhalb der Herde. Es wird nicht aus Prinzip um Macht oder Privilegien gerangelt. Nachbesserungen in der Rangordnung stehen an, wenn sich etwas Grundlegendes ändert, zum Beispiel, weil Jungpferde geschlechtsreif werden, weil Pferde die Herde verlassen oder neue hinzukommen. Oder weil ein Leittier alt wird und ersetzt werden muss. Dann wird die Situation geklärt, aber stets im Sinne der Gemeinschaft. Oberstes Ziel ist immer die gemeinsame Sicherheit. Zum Austragen von Konflikten werden stets die mildest möglichen Mittel gewählt. Anschließend kehren alle sofort zum friedlichen Miteinander zurück, ohne sich gegenseitig etwas nachzutragen.

Niemals sind Pferde in ihrem Verhalten planend, taktisch oder gar manipulativ. Sie leben ausschließlich im Hier und Jetzt. Zwar haben sie ein gutes Gedächtnis, erinnern sich an alte Bekannte und behalten auch traumatische Ereignisse ein Leben lang in Erinnerung. Aber solange kein bestimmter Auslöser ein vergangenes Erlebnis wachruft, verschwenden Pferde keinen Gedanken daran, was einmal war oder in Zukunft sein könnte. Ganz anders als wir Menschen, die sich mit ihrem permanenten Kopfkino gern im Hätte-Wäre-Würde verlieren. Pferde müssen nicht meditieren und brauchen keinen Meister Yoda. Sie stehen von Geburt an in Kontakt mit der Macht, und zwar ausschließlich mit der hellen Seite.

Ziel des Spiels ist es also doch, ein bisschen zu werden wie ein Pferd. Aber nicht, indem man lernt, die Ohren anzulegen. Sondern indem man das Ego zum Schweigen bringt.

Egal, ob Luke Skywalker, Karate Kid oder Neo in »Matrix« – der Weg zur Erleuchtung ist lang und mit einigen Mühen verbunden. Körper, Geist und Emotion müssen unter Kontrolle gebracht werden, und am Ende soll die ganze Selbstbeherrschung auch noch im Loslassen münden und nicht etwa in totaler Verkrampfung.

Als ich nach dem Wochenende mit Tessa wieder bei Neo war, versuchte ich als Erstes, die üblichen Gedankenmuster abzustellen. Nein, versuchen gibt es ja nicht, also tat ich es einfach. »Gleich erschreckt er sich wieder«, »Er wird wegrennen, und ich kann ihn nicht halten«, »An der flatternden Plane geht er niemals vorbei« – solche stumm gesprochenen Sätze waren von nun an tabu.

Als Nächstes übte ich innere Bilder. Bevor ich auf Neo zuging, um ihn zum Ausweichen zu veranlassen, stellte ich mir vor, ich müsste mich im Winterschlussverkauf durch eine Menschenmenge drängen, um noch rechtzeitig den Bus zu erwischen. Neo schaute mich verwundert an, als ich mit neuem Elan auf ihn zustiefelte. Dann wich er zurück.

Von da an wurde es besser zwischen uns. Es wäre schamlos zu behaupten, dass sich die Probleme in Luft auflösten. Im Gegenteil, die Fortschritte waren winzig. Aber zu den Dingen, die ich lernte, gehörte auch, Kleinigkeiten wahrzunehmen und mich darüber zu freuen. Hauptsache, es ging voran. Es dauerte Jahre, bis es kein Abenteuer mehr darstellte, mit Neo ins Gelände zu reiten. Heute, gut zehn Jahre später, kann ich auch Reitanfänger ohne Sorge auf seinen Rücken setzen. Ein langer Weg. Jeder einzelne Schritt hat sich gelohnt.

Weil es mir Spaß machte, begann ich, auch mit den Pferden anderer Leute zu arbeiten. Freunde und Bekannte, die Schwierigkeiten mit ihren Vierbeinern hatten, fragten mich um Rat. Ich las mehr Bücher, besuchte mehr Seminare und bewarb mich schließlich für das Studium an der Hippologischen Akademie.

Inzwischen habe ich gelernt, mein Energielevel beim Umgang mit Pferden wie ein Instrument zu bedienen. Ich kann schnell zwischen verschiedenen Zuständen wechseln, Anspannung, Entspannung, Aktivität, Passivität, Strenge,

Milde, kurze Impulse von Aggression, Zärtlichkeit. Die Pferde verstehen es. Meistens jedenfalls. Von einer befreundeten Sängerin mit Pferdefimmel habe ich gelernt, dass diese Form der Verständigung wie Musizieren ist. Man stellt verschiedene Gefühlszustände her und verwandelt sie in Kommunikation. So betrachtet hat Pferdetraining auch etwas mit Schreiben zu tun. Wenn ich mich in meine Figuren hineinversetze, erlebe ich ihre Gedanken und Gefühle buchstäblich am eigenen Leib. Mithilfe innerer Bilder erzeuge ich Emotionen. Nur dass ich dann eben keine Musik und keine Dressurlektion daraus mache, sondern Literatur.

Womit ein weiterer Grund gefunden wäre, warum der Umgang mit Pferden so glücklich macht. Man fühlt sich wie ein Künstler. Oder wie ein Jedi. Oder wie beides zugleich.

Kein Wunder, dass Pferde nach und nach Einzug ins Coaching-Business halten. Vor allem im Bereich Managertraining sind die unbestechlichen Vierbeiner sehr beliebt. Sie merken sofort, ob jemand markiert oder tatsächlich eine selbstbewusste Ausstrahlung besitzt. Wer in der großen Businesswelt wünscht sich nicht, einem Gegenüber durch bloßes Einatmen klarmachen zu können, wer der Chef ist? Vor allem zeigen Pferde, dass es dabei nicht auf Dominanz, sondern auf Respekt ankommt. Wie man ihn sich erwirbt und wie man ihn zollt. Das sind Lehren von unschätzbarem Wert. Denn ob Pferdemensch, Manager, Künstler oder Jedi – am Ende schadet es niemandem, sein Ego unter Kontrolle zu bringen.

Gymnastizierung

Gegen neun am Morgen gehe ich auf die Koppel. Es ist Spätsommer, Mitte September, der Beginn meiner Lieblingsjahreszeit. Das Licht ist schon nicht mehr so grell wie im August, die Temperaturen sind angenehm, es hat in den letzten Tagen sogar ein paarmal geregnet, was die Natur regelrecht aufatmen lässt. Das elektrische Brummen der Hummeln in den Ahornbäumen hat aufgehört. Die Störche sind längst abgereist Richtung Afrika. Bald kommen Zehntausende von Kranichen, die wochenlang die Luft mit ihrem vielstimmigen Geschrei erfüllen. Obwohl die Blätter noch grün sind, riecht es schon ein wenig nach buntem Laub.

Die Pferde liegen im Sand, Neo und sein Kumpel Kasimir, der nun schon seit drei Jahren bei uns ist. Zwei Füchse, der eine hell, der andere etwas dunkler, die sich das Fell von den morgendlichen Sonnenstrahlen wärmen lassen. Kasimir ist acht Jahre alt und damit noch ziemlich jung,

Neo inzwischen vierzehn, also in den besten, schon ein bisschen gesetzteren Jahren.

Die beiden sehen mir träge entgegen. Keiner wiehert. Mensch um halb sechs heißt Frühstück – Mensch um neun heißt Arbeit. Mir gefällt es, dass sie nicht aufstehen und salutieren. Sie bleiben einfach liegen, und ich setze mich zu ihnen in den Sand, lehne den Rücken gegen Kasimirs Schulter und kraule ihn am Hals, bis er sich auf die Seite fallen lässt. Ein Fleischberg unter glänzendem Fell, sechshundert Kilo totale Entspannung.

Um diese Zeit habe ich schon das Pensum eines halben Arbeitstags hinter mich gebracht. Ich bin früh aufgestanden, im Dunkeln hinters Haus gegangen, um die Pferde zu füttern, habe Tee gekocht und Morgengymnastik absolviert und mich vor den Laptop gesetzt, um zwei Stunden zu schreiben, während der Rest der Familie noch schläft. Um acht habe ich die Kinder geweckt und für den Kindergarten fertig gemacht, warme Milch vorbereitet, Stullenbüchsen gefüllt, der Kleinen beim Anziehen geholfen. Verlorene Stofftiere gesucht. Frühstück auf den Tisch gestellt. Ein Freundschaftsbuch ausgefüllt. Streit geschlichtet. Die Peitsche geschwungen, damit der Zeitplan einigermaßen eingehalten wird. Sätze gesagt, die ich nicht leiden kann, »Macht voran«, »Lass deine Schwester in Ruhe«, »Wie oft hab ich euch gesagt …«, »Jetzt beeilt euch doch mal«.

An einem guten Tag verlassen wir um Viertel vor neun das Haus, die Dreijährige auf dem Laufrad, der Fünfjährige auf dem Fahrrad, ich zu Fuß und schon in Reithosen, der Hund springt munter um uns herum. Kurz nach neun bin ich zurück. Während andere ins Büro fahren, gehe ich zu den Pferden. Ein großer Luxus.

Als ich mich vor fünfzehn Jahren gegen Jura und für die Schriftstellerei entschied, geschah das vor allem zugunsten freier Zeiteinteilung. Ich verzichtete auf die Segnungen einer Festanstellung – sicheres Gehalt, geregelte Arbeitszeiten, Trennung von Beruf und Privatleben, geteilte Verantwortung, Kollegen, mit denen man quatschen kann und die auch mal schuld sein können, wenn etwas nicht so gut läuft. Dafür erhielt ich das Privileg, selbst entscheiden zu dürfen, was ich um wie viel Uhr tun will. Damals hatte ich noch keine Pferde. Wäre ich Richterin geworden, hätte ich wahrscheinlich immer noch keine. Auch das gehört zur Pferdeliebe dazu: dass man die Karriere nicht über alles stellt.

Genug geruht, jetzt wird was getan. Ich scheuche Kasimir hoch, der brav aufsteht und erst einmal Rücken und Hinterbeine dehnt wie eine Katze, bevor er mir zum Putzplatz folgt. Ich bin nicht der Tüddel-Typ, der mit Bürsten in zehn verschiedenen Härtegraden und einer Batterie Glanzsprays um das Pferd tanzt und nach einer Stunde wieder zusammenpackt, weil die Zeit zum Reiten zu knapp wird. Meistens sind wir nach zehn Minuten fertig. Mein Putzstil dient eher der Massage als der Kosmetik. Ausgiebig kratze ich Kasimir mit dem Striegel an seinen Lieblingsstellen und bürste ihn anschließend glatt.

Trotz der Eile, die zu meinem Lebensstil gehört, weil ich immer viel unter einen Hut bringen muss, bleibt genug Zeit, um mich am Anblick meines Pferds zu erfreuen. Ausgeprägte Muskulatur, elegant getragener Hals, kräftige Hinterhand. Kasimir hat sich in letzter Zeit gut entwickelt. Ich stehe vor seiner Anatomie wie ein Gärtner vor einer schönen Pflanze, die er mit Hingabe pflegt. Oder wie ein Künstler vor einem lebendigen Kunstwerk, an dem er seit Jahren arbeitet.

Kasimir habe ich gekauft, weil Neo einen Freund brauchte, mit dem er eine dauerhafte Mini-Herde bilden kann. Aber auch, weil ich ein Pferd wollte, das talentierter für den Dressursport ist als mein gutes altes Katastrophen-pferd. Neo hat ein hübsches Gesicht, aber sein Hals sieht aus, als wäre er verkehrt herum angesetzt. Im Trab macht er kleine Schritte mit geradem Bein, sodass man sich immer ein wenig fühlt wie beim Ponyreiten. Mit viel Geduld und Spucke und einer Phalanx aus wechselnden Reitlehrerinnen hat Neo alles gelernt, was Mutter Natur ihm so gerade noch ermöglicht. Er kann Seitengänge in allen Gangarten, dazu Galopppirouetten und Serienwech-sel. Aber aufgrund seiner stöckelnden Bewegungen erlebt man in seinem Sattel niemals jenes schwebende, tänze-risch-leichte Gefühl, für das Dressurreiter ein Leben lang schuften.

Außerdem ist Neo nicht gerade ein leistungsbereiter Typ. Seit ihn die Panik nicht mehr unter Strom stehen lässt, sind seine liebsten Hobbys Fressen und Ausruhen. Wenn im Sommer das Gras auf den Weiden steht, sieht er mit seinem dicken Bauch aus wie ein Zeppelin. Mir ist das egal, Hauptsache, Neo ist glücklich. Für meinen Mann und mich bleibt er sowieso der größte Held. Manchmal steht mein Mann versonnen am Koppelzaun, betrachtet das schmutzige, korpulente, tiefenentspannte Pferd und sagt: »Wenn man denkt, wie er vor zehn Jahren zu uns kam und wie er heute drauf ist … Es ist doch eigentlich ein Wunder.«

Kasimir hätte eigentlich mal ein teures Sportpferd werden sollen. Stattdessen wurde er eine Enttäuschung für seinen Züchter. Erst wuchs er nicht so fleißig, wie es seine Abstammung erwarten ließ, und blieb bei 1,65 Meter, statt die geplanten 1,75 Meter zu erreichen. Vor allem hat er an den Beinen gespart, die dadurch ein Stück zu kurz wirken. Schließlich entdeckte der Tierarzt mit dem Röntgengerät auch noch einen kleinen Knochendefekt, einen sogenannten Chip im Hufgelenk, an einer Stelle, wo man ihn nicht wegoperieren kann. Das muss überhaupt nichts heißen, es ist nicht gesagt, dass sich daraus jemals eine Lahmheit entwickeln wird. Aber mit Chip bekommt man keinen »Einser-TÜV«. Und ohne Einser-TÜV gibt kein ambitionierter Freizeitreiter 15 000 Euro für ein Jungpferd aus. Damit war Kasimir ein Verlustgeschäft. Im ersten Zorn drohte der Züchter, ihn schlachten zu lassen. Meine damalige Reitlehrerin, die von dem Fall gehört hatte, rief mich an. Sie wusste, dass ich einen talentierten Youngster suchte. »Hier ist gerade einer sehr günstig geworden«, sagte sie am Telefon.

Ich freute mich darauf, dieses Mal kein »Problempferd« zu bekommen. Kasimir war nicht traumatisiert. Man musste nicht lebensmüde sein, um sich auf seinen Rücken zu setzen. Ich würde auch nicht die ersten fünf Jahre damit verbringen, Vertrauensübungen zu machen. Stattdessen Sattel drauf und losreiten. Dachte ich. Bald stellte sich heraus, dass ich ein weiteres Korrekturpferd gekauft hatte, nur in einem anderen Sinn. Kasimir wurde als »L-fertig« beworben, was bedeutet, dass er angeblich die Lektionen der Klasse »Leicht« beherrschte. »Leicht« ist im Dressursport schon ziemlich schwer. Bereits bei Prüfungen der Klasse M (»Mittel«) treffen sich auf ländlichen Turnieren meist vorwiegend Berufsreiter. Als Amateur fühlt man sich als Fremdkörper und hat auf die vorderen Plätze wenig Chancen.

Beim L-fertigen Kasimir zeigte sich, dass er nicht einmal einen korrekten Zirkel laufen konnte. Wenn man nicht permanent am inneren Zügel zog, verließ er die Kreisbahn und kippte gewissermaßen nach außen. Er war falsch bemuskelt, »aufgerollt« und aus dem Gleichgewicht. Er hatte die heutzutage übliche, viel zu schnelle und gymnastisch grundfalsche Ausbildung durchlaufen.

Es wird zu viel gezüchtet in unserem Land. Jeder Züchter, egal, ob Liebhaber oder Profi, klagt über die Unmöglichkeit, angemessene Preise für Pferde zu erzielen. Die Kurse sind im Keller, viele Reiter wollen nicht mehr als 4 000 Euro für ein junges Pferd ausgeben, und es soll trotzdem toll aussehen und schon die ersten Turniererfolge vorweisen. Aber wie soll man ein Pferd jahrelang füttern, pflegen, tierärztlich versorgen und profund ausbilden, wenn es hinterher nicht mehr kosten darf als ein alter Gebrauchtwagen?

Ich habe Zuchtställe gesehen, in denen Jungpferde verwahrlost auf den Koppeln stehen, nicht geimpft oder entwurmt, monatelang nicht beim Schmied gewesen, mit kaputten Hufen, halb verwildert, sodass sich viele gar nicht anfassen lassen. Mit drei Jahren werden sie in den Stall getrieben und im Hauruckverfahren eingeritten. Die folgenden Monate Grundausbildung zielen auf schnelle Pseudo-Erfolge: Das Pferd muss den Hals möglichst rund machen, weil das imposant wirkt und es vielen Reitern (und leider auch vielen Turnierrichtern) egal ist, wie eine korrekte Kopf-Hals-Position tatsächlich aussähe. Es muss vorwärts rennen, weil viele Kaufinteressenten Geschwindigkeit mit Schwung verwechseln. Und es darf unter dem Sattel möglichst keine Unarten zeigen, weshalb es mit zu viel Druck und Zwang in einen Zustand von Resignation und erlernter Hilflosigkeit getrieben wird. All das rächt sich, aber eben erst später. Viele Sportpferde werden nicht älter als acht Jahre, weil ihr Bewegungsapparat schon in jungen Jahren ruiniert ist, während gesund gerittene Pferde ein Alter von 25 oder gar 30 Jahren erreichen können.

»Horsemanship« beziehungsweise Pferdekommunikation findet in dieser Welt der schnellen Verkäufe überhaupt nicht statt. Weder Reitlehrer noch Bereiter, Pferdewirte, Tierärzte, Hufschmiede, Turnierrichter – kaum jemand, der professionell mit Pferden zu tun hat, lernt in seiner Ausbildung, wie man sich richtig mit Pferden verständigt. Die Antwort auf alle Schwierigkeiten lautet Druck, nicht selten auch Gewalt. Das wird bis zum heutigen Tag praktiziert, gelehrt und weitergegeben, in allen Zusammenhängen: »Mach doch mal Druck«, »Fass die mal richtig an«, »Setz dich durch«, »Jetzt zeig ihm, wer der Chef ist«, »Dann nimm doch mal Gerte/Sporen/Schlaufzügel, wenn sie es anders nicht kapiert«. Viele Pferde kooperieren trotzdem ein Leben lang. Andere »ziehen irgendwann den Stecker«, »kochen sauer«, »werden widersetzlich«. Über kurz oder lang sind solche Verhaltensstörungen dann ein Fahrschein in den Schlachthof.

Für respektvollen Umgang und korrekte Gymnastizierung hat der Profibetrieb vermeintlich keine Zeit. Dabei zeigt sich immer wieder, dass man auf dem vernünftigen Weg mittelfristig sogar Zeit spart. Aber Umdenken dauert, meistens mehrere Generationen. Im übertragenen Sinn stecken große Teile der Pferdewelt noch in den Zeiten der Sklaverei.

Die Missstände sind allgemein bekannt, sie werden in Fachzeitungen dargestellt und auf der Stallgasse besprochen. Selbst außerhalb der Fachpresse erscheinen gelegentlich Artikel darüber, dass besagte Rollkur, eine Methode, bei der das Pferd mit tiefem Kopf und kurzen Zügeln geritten wird, um den Hals »aufzurollen«, gegen Tierschutzprinzipien verstößt. Die FN verweist als Dachverband des Pferdesports in Deutschland in ihren Publikationen immer wieder auf die Grundsätze einer korrekten Pferdeausbildung.

In der Realität ändert sich trotzdem wenig. Es werden weiterhin viel zu viele Pferde gezüchtet, weil jeder Züchter hofft, unter zwanzig Fohlen pro Jahr eines Tages einen echten Crack zu finden, der ihm Ruhm und Ehre und einen Verkaufserlös von 200 000 Euro bringt. Aber Cracks sind selten. In der Realität entstehen vor allem Unmengen von lieben und süßen, aber eben völlig durchschnittlichen Tieren, die der Züchter sofort wieder loswerden will. Die sollen dann möglichst schnell ausgebildet, möglichst schnell auf Turnieren vorgestellt und möglichst schnell verkauft werden. Tierschutz hin oder her.

So betrachtet, war Kasimir tatsächlich nie ein »Problempferd«, sondern ein völlig normales Exemplar. So kam es auch, dass er ausreichend Lektionen beherrschte, um als L-fertig verkauft zu werden, obwohl er kaum zu wissen schien, an welchen Ecken seines Körpers die Beine angebracht waren. Abgesehen davon hatte er eine bretthart Muskulatur, einen Beckenschiefstand, mengenweise blockierte Halswirbel, Magenprobleme und Rückenschmerzen.

Ein ganz normales Sportpferd also.

Nach dem Putzen beginne ich zu satteln. Wie jedes Mal freue ich mich am Geruch des Leders, an den feinen Geräuschen, die der Sattel beim Auflegen erzeugt. Ich steige noch nicht auf, sondern führe Kasimir an der Straße entlang Richtung Wald. Viele Autofahrer betrachten unser Dorf als Kulisse am Rand ihrer persönlichen Rennstrecke. Dass Pferd und Reiter zusammen einen vollwertigen Verkehrsteilnehmer ergeben, ist den meisten nicht bekannt. Wenn ich durchs Dorf reite, fahren manche Lastwagen mit achtzig Sachen so dicht an mir vorbei, dass ich den Fahrtwind am Knie spüre. Dann überträgt sich meine Angst auf Kasimir, und als trampelndes Nervenbündel sind wir kein sicheres Team im Straßenverkehr. Da gehe ich lieber das erste Stück zu Fuß.

Am Rand der Felder klettere ich auf einen kleinen Sandhügel und schwinge mich von dort aus in den Sattel. Kasimir steht brav wie ein Standbild, scannt aber gleichzeitig permanent die Umgebung. Seine Augen und Ohren sind überall. Er ist ein Testosteron-Typ, spät kastriert und mit Hengstmanieren. Auch wenn ihm schon klar ist, dass ich den Führungsanspruch erhebe, hat er nie ganz aufgehört, für die Sicherheit unserer kleinen Mensch-Pferd-Herde zuständig zu sein.

Am langen Zügel geht es zwischen abgeernteten Feldern Richtung Wald. Über dem flachen Land wölbt sich ein endloser blauer Himmel, wolkenlos und windstill, ein perfekter Spätsommertag. Ich mag die karge Landschaft Brandenburgs. Gelbe Felder, grüner Kiefernwald, blauer Himmel, ein Schichtenmodell, klar geordnet wie auf einem Bildschirmschoner. Wahrscheinlich kann man nirgendwo auf der Welt so gut ausreiten wie hier. Die Böden bestehen hauptsächlich aus Sand und geben einen perfekten Untergrund für Pferdehufe ab. Als Reiter darf man alle Wege benutzen und ist nicht auf staatlich verordnete Reit-Routen angewiesen. Ich bin dem Bundesland unendlich dankbar, dass es uns solche freiheitlichen Reservate im durchregulierten Alltag lässt. Naturschutzgebiete für die menschliche Seele.

Auf meinen Ausritten begegne ich selten anderen Menschen. In der Provinz geht kaum jemand spazieren, schon gar nicht im Wald. Manchmal quert eine Gruppe Hirschkühe den Weg, gemessenen Schrittes, eher majestätisch als ängstlich, während Kasimir stockssteif stehen bleibt, um ihnen witternd nachzusehen. Gelegentlich erschreckt uns ein Rebhuhn halb zu Tode, wenn es sich flatternd und brummend wie ein Rieseninsekt dicht neben uns aus einem Gebüsch erhebt.

In den ersten Minuten konzentriere ich mich auf die Landschaft, schaue mich um, atme die aromatische Luft, halte nach ersten Pilzen Ausschau, die man vom Sattel aus besonders gut sieht. Das ist mein Naturerlebnis, danach beginnt das Training. Spätestens wenn Kasimir antrabt, bin ich so damit beschäftigt, ins Pferd hineinzuhorchen, dass ich meine Umgebung darüber komplett vergesse. Läuft er im Takt? Ist der Rücken losgelassen? Tritt er korrekt unter? Kaut er zufrieden am Gebiss? Kann ich ihn mit feinsten Hilfen im Genick nach beiden Seiten stellen? Sitze ich im Schwerpunkt? Stimmt die Anlehnung? Es gibt ständig etwas zu verbessern.

Im Internet schwärmen ganze Reitergemeinden vom Relaxen mit Pferd, vom Ausbrechen aus dem Alltag, vom Baumelnlassen der Seele. Ich bemühe mich redlich, diese Freuden der Freizeitreiter nicht achtlos an mir vorüberziehen zu lassen. Natürlich kann ich mich an der ländlichen Idylle erfreuen. Aber wenn ich ehrlich bin, interessiert mich am Gelände noch mehr das Profil. Ich suche

Auf-und-Ab-Strecken, um die Muskulatur der Hinterhand zu trainieren. Oder lange Sandpisten, auf denen wir im endlosen Galopp unsere Kondition verbessern. Außerdem fühle ich mich auf einem Pferd, das mit weggedrücktem Rücken vor sich hin stöckelt, einfach nicht wohl. Die Freuden der Reiterei bestehen für mich gerade in der korrekten Gymnastizierung, ganz gleich, ob auf dem Reitplatz oder im Wald.

An manchen Tagen, nach viel Konzentration, tausend kleinen Korrekturen, einem intensiven wortlosen Dialog, geraten Kasimir und ich in einen Zustand schwebender Harmonie. Ein perfekter gemeinsamer Takt stellt sich her, die Kommunikation erfolgt nicht mehr über Hand und Bein, sondern nur noch auf Ebene der Gedanken. Ich sitze plötzlich nicht mehr »auf dem Pferd«, sondern »im Pferd«, wie die Dressurreiter sagen. Mensch und Tier werden zu einer perfekten Einheit. Dann ist auch die Natur wieder da, Wald, Feld, Himmel, Sonne, aber in einem neuen Aggregatzustand, nicht als etwas, das ich ansehe, sondern als etwas, das ich »bin«. Dann liegt das höchste Glück der Erde einmal mehr auf dem Rücken der Pferde.

Allerdings ist das durchaus nicht immer so. Manchmal sind Kasimir und ich gestresst, können uns nicht konzentrieren, nicht richtig loslassen. Er wirkt dann ängstlich, erschreckt sich bei jedem unerwarteten Geräusch. Sein Gang wird eckig, die Muskulatur hart. Ich denke und fühle immer verbissener in ihn hinein, versuche, ihn mit kleinen Hilfen und Übungen von der Umgebung abzulenken und in die Konzentration zu holen. Wenn das nicht klappt, fange ich irgendwann an, mich zu ärgern. In dem Augenblick ist es mit der Chance auf Harmonie endgültig vorbei. Dann müsste ich eigentlich absteigen. Oder wenigstens die Zügel lang lassen und mich in einen der Freizeitreiter aus den Internetforen verwandeln. Aber das gelingt mir meistens nicht. Das Ego meldet sich mit Macht. An solchen Tagen kehre ich grimmig und frustriert nach Hause zurück. Ums Glücksgefühl betrogen.

Pferde sind von Mutter Natur nicht dazu gedacht, einen Reiter zu tragen. Ihr Körper sieht vor, viele Stunden am Tag mit gesenktem Kopf gemütlich fressend über die Steppe zu ziehen und bei Gefahr von einer Sekunde auf die andere in vollem Galopp zu fliehen – ohne Reiter auf dem Rücken. Zwar hat sich die Zucht über die Jahrhunderte bemüht, die Pferdeanatomie den Bedürfnissen des Menschen anzupassen. Dennoch dürfen wir nicht vergessen, dass Pferde von Natur aus keine Reittiere sind. Sie müssen muskulär (und psychisch) darauf vorbereitet werden, ein schweres, lebendes Gewicht zu tragen.

Das ist letztlich die Grundidee aller Dressur: dem Pferd Bewegungstechniken zu vermitteln, mit deren Hilfe es unter dem Reiter laufen kann, ohne dass Gelenke, Bänder oder Wirbelsäule Schaden nehmen.

Leider sieht man auf deutschen Turnierplätzen gerade in den mittleren und schweren Klassen haufenweise Pferde, deren Hälse unnatürlich zusammengezogen sind, die schmerzvoll ihre Mäuler aufsperren, mit den Schweifen peitschen, die Augen verdrehen und sogenannte Spannungstritte zeigen, also großräumige, aber meist recht abgehackte Bewegungen, die nicht aus der Losgelassenheit, sondern über einen dauerverspannten Rücken entstehen. Ein solcher Anblick hat nichts Erhebendes. Im Gegenteil übertragen sich die Qualen des Pferdes auf den Betrachter, man möchte die Hände vors Gesicht schlagen und die Veranstaltung verlassen. Merkwürdigerweise sind viele Zuschauer und selbst Turnierrichter nicht in der Lage, den Unterschied zu erkennen. Ich habe Pferde gesehen, die vor lauter Verkrampfung im Schritt keinen sauberen Viertakt mehr gingen und trotzdem in der Prüfung ein Siegerschleifchen kassierten.

Solange das so bleibt, wird sich an den Missständen in unseren Reitställen nichts ändern, egal, ob es um Haltungsbedingungen, allgemeinen Umgang oder reiterliche Methoden geht. Was man im Fernsehen sieht, hat Vorbildcharakter. Niemand denkt beim Zuschauen daran, dass Spitzensportpferde einfach nur diejenigen sind, die durchgehalten haben. Hinter jedem Spitzenpferd stehen Abertausende, unsichtbar, die auf dem Weg zum Erfolg verschlissen wurden. Sie wurden schon als Fohlen aussortiert, sie konnten den Anforderungen einer viel zu schnellen Grundausbildung nicht standhalten oder wanderten in jungen Jahren wegen Belastungsschäden zum Schlachthof. Trotzdem scheint jeder Erfolg auf jedem noch so unbedeutenden Turnier zu sagen: »Du machst alles richtig.« Auch wenn das Pferd irgendwann ausrastet oder schon mit zehn Jahren nicht mehr laufen kann. Dann sind eben das Schicksal, der Tierarzt oder ein Unfall schuld. Aber gewiss nicht fehlende beziehungsweise falsche Gymnastizierung. Welcher Mensch und erst recht welcher Reiter wäre schon zur Selbstkritik fähig, solange man ihn nicht dazu zwingt?

Wenn man ein Pferd von der Seite betrachtet, sieht man sofort, wo das Problem liegt. Das Pferd ist ein relativ langes Tier. Weil Kopf und Hals vorn angebracht sind und auch noch ziemlich weit über den Körper hinausragen, ruht ein Großteil des Gewichts auf den Vorderbeinen, obwohl die Hinterhand viel kräftiger ist. In freier Natur kommt die Kraft aus den Hinterbeinen vor allem zum Einsatz, wenn das Pferd auf der Flucht in Sekundenschnelle mächtigen Schub entwickeln muss. Oder wenn es beim Rangtheater eine Imponierhaltung einnimmt, sich hinten senkt und vorne groß wird oder sogar steigt und die Vorderbeine durch die Luft wirbeln lässt. Ansonsten läuft das Pferd meist »auf der Vorhand«, wie es im Reiterjargon heißt.

Auch der Reiter sitzt nicht hinten, sondern relativ weit vorne auf dem Pferd, im Dressur- und Springsport gleich hinter dem Halsansatz. Dadurch erhöht sich das Gewicht auf der Vorhand um weitere sechzig bis hundert Kilo. Untrainierte Pferde lassen sich vom Reitergewicht ins Hohlkreuz drücken, was die negative Wirkung auf den Bewegungsapparat verstärkt.

Zu allem Überfluss verlangt der Mensch vom Pferd ein unnatürliches Fortbewegungsmuster. Statt stundenlang im Schritt durch die Gegend zu ziehen und gelegentlich im Galopp loszuschießen, soll es unterm Reiter einen gleichmäßigen Trab laufen, Runde um Runde, nicht nur geradeaus, sondern auf vielen gebogenen Linien, ohne jemals irgendwo anzukommen. Das bedeutet Anstrengung für Körper und Seele. Eine meiner Lieblingskarikaturen zeigt ein völlig gestresstes Pferd, das bei seinem Psychiater auf der Couch liegt und sagt: »First she wants circles, then it's more circles, and more circles, and OMG then they're never freakin' round enough …«

Genau: OMG!

Um diesen Belastungen standhalten zu können, muss das Pferd lernen, unter dem Reiter den Rücken aufzuwölben, die Kruppe (das Ende des Rückens) leicht abzusenken und mit den Hinterbeinen weit unter den Körper zu treten. Auf diese Weise wandert der Schwerpunkt von Reiter und Pferd ein Stück nach hinten, es kommt mehr Gewicht auf die Hinterbeine, die Vorhand wird freier. Der Rücken bemuskelt sich, was die Wirbelsäule entlastet, das Pferd entwickelt Tragkraft und Schubkraft.

Um diesen Zusammenhang dreht sich das ganze Gymnastizierungsspiel: den aufgewölbten Rücken. Das Pferd soll quasi unter dem Reiter einen kleinen Buckel machen, statt im Hohlkreuz zu laufen. Am Ende der Ausbildung steht ein hoher Grad von Versammlung, bei der das Pferd viel Last auf der Hinterhand aufnimmt, sich hinten stark senkt (»die Hanken beugt«) und deshalb Kopf und Hals hoch trägt, mit dem Genick als höchstem Punkt (»relative Aufrichtung«). In dieser athletischen Haltung kann das Pferd schwierige Lektionen bewältigen, wie sie im

Spitzensport oder an der Wiener Hofreitschule verlangt werden.

Der Weg dorthin entstammt jahrhundertelanger Übung bei der Ausbildung von Militärpferden und hat sich in seinen theoretischen Grundlagen bis zum heutigen Tag eigentlich wenig verändert. Die moderne Dressurausbildung orientiert sich an der von der FN herausgegebenen »Skala der Ausbildung«, welche aus der für die Kavallerie gültigen »Heeresdienstvorschrift 1912« (kurz H. Dv. 12) in der Bearbeitung von 1937 entstand. Die H. Dv. 12 wiederum basiert auf einer Neufassung von Reitinstruktionen aus dem Jahr 1882, welche gesammeltes Wissen in der Kavallerieausbildung seit dem 18. Jahrhundert zusammenfasste.

Die sechs Parameter nach der FN-Skala, die in jahrelangem Training mit dem Pferd zu erarbeiten sind, lauten: Takt, Losgelassenheit, Anlehnung, Schwung, Geraderichtung, Versammlung.

Es würde hier zu weit führen, die Bedeutung der einzelnen Kriterien zu erläutern. Darüber gibt es eine Menge Fachliteratur. Ein anderer Punkt ist mir wichtig: Weil die Ausbildungsskala in jüngster Zeit wegen missbräuchlicher Methoden im Sportreiten immer wieder in die Kritik gerät, sollte man sich gelegentlich ins Gedächtnis rufen, dass die Fehlentwicklungen in der Praxis nicht etwa auf eine falsche theoretische Grundlage zurückzuführen sind. Die Ausbildungsskala hat ihre Berechtigung, sie wird nur in vielen Fällen missbräuchlich interpretiert. Die Faktoren, die dafür verantwortlich sind, habe ich bereits genannt – Zeit und Geld. Es liegt an einer Unterordnung der Pferdewelt unter das kapitalistische Denksystem, dass Tiere (und manchmal Menschen) wie Waren behandelt werden. Starke Beizäumung mit der Hand, das heftige Antreiben mit Sporen und Gerte gegen einen kurzen Zügel, die Rollkur sind keine Methoden, die sich aus den Heeresdienstvorschriften ergeben. Es handelt sich entweder um hilflose Versuche, das Pferd buchstäblich »in Form« zu bringen – weil der Reiter es nicht besser kann. Oder um das Bemühen, möglichst schnelle Scheinerfolge zu erzielen.

In der Einleitung zur H. Dv. 12 kann man lesen:

»Der Krieg fordert vom Reiter die sichere Beherrschung des Pferdes im Gelände, vom Pferd Gehorsam, Gewandtheit und Ausdauer. Dieses Ziel zu erfüllen, ist das Ziel der Ausbildung von Reiter und Pferd. Dauernden Erfolg wird sie nur haben, wenn alle Vorgesetzten und Untergebenen von der Freude am Reiten und der Liebe zum Pferd beseelt sind.«

Von dieser Einstellung der alten Kavalleristen könnte sich mancher Sportreiter eine Scheibe abschneiden.

Inzwischen steht die Sonne ein Stück höher am Himmel, für einen Septembermorgen ist es schon richtig warm. Heute läuft es gut. Ich schwelge nur so in der Freude am Reiten und der Liebe zu meinem großartigen Pferd. Kasimir trabt schwungvoll unter mir, mit lockeren, kraftvollen Bewegungen, und steht dabei leicht an der Hand. Links und rechts ziehen die Reihen der Kiefernstämme vorbei, ein paar Pferdebremsen verfolgen uns, können im Trab aber nicht landen. Ich rieche Pilze. Es ist sehr still, nur das

Geräusch der Hufe im Sand, Kasimirs gleichmäßiger Atem, irgendwo das Geratter eines Spechts. Als ich einen kleinen Galopp einlege, springt Kasimir auf die kleinste Hilfe an, stürmt aber nicht los, sondern bleibt schön bei mir, gut an Zügel und Sitz, sodass ich seine Sprünge durch Änderung meiner Körperspannung verkürzen und verlängern kann. Unsere Schwerpunkte haben sich einander angepasst, die Balance stimmt, ich kann mühelos sitzen und werde von seinen Bewegungen geschmeidig mitgenommen. Ich gebe seinen Kopf etwas freier, lehne mich leicht vor, um den Rücken zu entlasten, sein Tempo wird höher, er streckt sich und beginnt zu schnauben. So soll es sein, so muss sich das anfühlen. Ein warmes Gefühl durchströmt mich vom Scheitel bis zur Sohle. Das ist der Lohn für lange Jahre der geduldigen Arbeit bei Gymnastizierung und Korrektur.

Als wir auf dem letzten Abschnitt unserer gewohnten Route den Wald verlassen und sich vor uns die Felder öffnen, sehe ich die Kuhherde. Eine schwarz-weiß und braun-weiß gesprenkelte Gruppe, noch einige Hundert Meter entfernt, friedlich rings um ihren Wasserwagen liegend. Riesige Tiere, jedes einzelne mindestens so schwer wie mein Pferd, mit ausladenden Hörnern. Vorgestern waren sie noch nicht da. Manchmal zäunen die Bauern ein abgeerntetes Luzernefeld ein und treiben ihre Kühe darauf, damit sie die Reste fressen. Ich habe Respekt vor Kühen, vor allem, wenn sie sich alle gleichzeitig erheben und auf den Zaun zugaloppieren, der nur aus einem dünnen, kniehohen Draht besteht. Das ist uns einmal bei einem Ausritt passiert, seitdem hat Kasimir panische Angst.

Ich überlege fieberhaft, ob ich eine andere Strecke nehmen kann. Aber wenn ich nicht den ganzen Weg zurückreiten will, muss ich an der Herde vorbei. Ich pariere durch zum Trab und fange sofort an, Kasimir zu beschäftigen. Ein paar Seitengänge, Schulterherein, Travers, durchparieren zum Schritt und wieder antraben. Kasimir macht gut mit, er ist so konzentriert, dass er die Kühe gar nicht bemerkt.

Doch dann nimmt er Witterung auf. Sofort geht sein Kopf hoch, der gesamte Körper verspannt sich. Der Hals wird hart wie ein Brett. Ich versuche, ihn nach rechts oder links zu stellen, es ist kaum möglich, ich müsste mit Gewalt an den Zügeln ziehen. Als wir noch hundert Meter von dem eingezäunten Abschnitt entfernt sind, drehen die ersten Kühe die Köpfe. Einige erheben sich, eine brüllt. Ich spüre, wie Kasimir unter mir zittert. Sein Herz trommelt gegen mein Bein, er schnaubt hart und stoßweise wie ein Drache. Jetzt akzeptiert er auch die Schenkelhilfen nicht mehr, er scheint mich komplett vergessen zu haben. Alle Versuche, mir seine Aufmerksamkeit zurückzuholen, gehen ins Leere. In diesem Zustand kann ich ihn nicht kontrollieren. Ich steige ab, trete vor ihn, versuche, ihn rückwärts oder seitwärts weichen zu lassen. Er ignoriert mich weiterhin, starrt nur auf die Kühe. Als sich eine kleine Gruppe von den anderen löst und auf uns zutrottet, verliert er endgültig die Nerven. Er rennt rückwärts, schlägt mit dem Kopf, steigt. Ich muss den Zügel loslassen. Kasimir bricht aus und rast im Jagdgalopp über den Stoppelacker, am Waldrand entlang, in größtmöglichem Abstand zu den Kühen.

Ich stehe im Sand und sehe der Staubwolke nach, die seine Hufe aufwirbeln. Da rennt mein wohlerzogenes, korrekt gymnastiziertes, kommunikativ professionell begleitetes Pferd nach Hause. Ohne mich. Mein Ausritt endet, wie er begonnen hat. Mit einem Fußmarsch.

Pferdefrauen und Pferdefrauenmänner

In meinem Roman »Unterleuten« gibt es eine Figur namens Linda Franzen. Sie ist Pferdetrainerin und besitzt einen vielversprechenden Hengst namens Bergamotte. Ihr größter Traum besteht darin, eine eigene Reitanlage zu betreiben, auf der sie mit Bergamotte eine Zucht gründen und außerdem Managerseminare anbieten will.

Ihr großes Erfolgsidol Manfred Gortz (ebenfalls eine Erfindung von mir, auch wenn der Mann inzwischen eigene Bücher herausgibt) schreibt in seinem Ratgeber »Dein Erfolg«:

»Haben Sie mal über Pferde nachgedacht? […] Pferde verfügen über ein ausdifferenziertes Kommunikationssystem. […] Bei jeder Begegnung mit einem Artgenossen stellen die Tiere klar, wer welchen Rang bekleidet. […] Kern der Kommunikation ist dabei die Frage, wer wen bewegt. Wenn der Ranghöhere auf den Rangniederen zutritt, weicht jener aus. […] Das ranghöchste Tier bewegt sich und dadurch die anderen. Es ist ein Mover. […] Vermutlich ahnen Sie bereits, warum ich Ihnen an dieser Stelle etwas vom Pferd erzähle. Das Prinzip ›Wer bewegt wen?‹ funktioniert auch […] zwischen Menschen. In speziellen Managementseminaren können Führungskräfte anhand des Umgangs mit Pferden die nonverbale Sprache der Hierarchie erlernen.«

Genau das schwebt Linda vor: Unter ihrer Anleitung und mithilfe von Pferden sollen Führungskräfte ihre Führungskraft verbessern. Sie ist geradezu besessen von dem Satz »Wer bewegt wen«. In ihren Augen ist das ein Weg zur Macht. Sie begegnet Pferden (und Menschen) mit eisernem Willen und stahlharter Durchsetzungskraft. Alles hat sich ihren Interessen zu beugen. Als sie mit ihrem Lebensgefährten Frederik nach Unterleuten zieht, um sich dort den Traum vom eigenen Reitstall zu erfüllen, bringt sie mit ihren Plänen das ganze Dorf durcheinander.

Frederik ist Computerfachmann, ein nerdiger Typ, Turnschuhträger und Großstadtmensch. Trotzdem folgt er seiner großen Liebe Linda in die Provinz, um sie bei ihrem Vorhaben (auch finanziell) zu unterstützen. Zu Lindas Pferdebesessenheit hat er von Anfang an ein gespaltenes Verhältnis. Er wird den Verdacht nicht los, dass sie Bergamotte in Wahrheit interessanter findet als ihn.

Linda und Frederik habe ich erfunden, weil ich mir selbst eine Frage stellte: Wie ist es eigentlich, mit einer Pferdeverrückten zusammenzuleben?

Gewiss sind nicht alle Pferdefrauen wie Linda Franzen. Vor allem vertreten nicht alle die Auffassung, Pferdetraining (und alles andere) sei vor allem Chefsache. Was sie aber miteinander teilen, ist die Neigung, einen Großteil des Lebens dem Pferd unterzuordnen.

An vielen Tagen verbringe ich mehr Zeit bei den Pferden als am Computer. Ich stehe um fünf Uhr auf und habe schon vor der ersten Tasse Kaffee die Pferde versorgt und gefüttert, egal, bei welchem Wetter. Am Vormittag schlagen Stallarbeit und Training mit drei bis vier Stunden zu Buche. Hinzu kommen die Pflege der Ausrüstung, der Einkauf von Futtermitteln, Wartung der Zäune. Dann Hufpflege, Zahnpflege, Physiotherapie und Massage, manchmal auch Osteopathie oder Chiropraktik. Beim Pferd, nicht bei mir, wohlbemerkt.

Mehr als einmal hat mich mein Mann gefragt, warum wir Pferdeverrückte eigentlich das Pferd wie einen Dauergast im Wellness-Spa behandeln, während wir selbst uns zwischen Paddock und Sattelkammer ein Käsebrot reinziehen und abends hastig ein bisschen Wärmesalbe auf den verspannten Nacken schmieren. Ich weiß keine Antwort.

Nachmittags finde ich oft noch Zeit, Fachbücher oder Magazine zum Thema Biomechanik, Sattelkunde oder Jungpferdetraining zu lesen. Etwa einmal im Monat bin ich am Wochenende auf einer Fortbildung oder im Seminar, mal mit Pferd, mal ohne.

Früher verbrachte ich zusätzlich manches Sommerwochenende auf Reitturnieren. Und quatschte meinen Mann Abend für Abend mit neuen Erkenntnissen aus der

Pferdewelt voll. Wir saßen in der Küche, ich zeichnete die Linien eines aufgewölbten Rückens oder die Winkelung der Hinterbeine auf ein Blatt Papier. Sprach von Stimmungsübertragung, Energieleveln und Jeditum. Ereiferte mich über die Verbrechen, die bei der Pferdeausbildung begangen werden.

Mein Mann hörte nicht nur geduldig zu, er redete auch mit. Wenn er mich gelegentlich aufs Turnier begleitete, stand er am Zaun des Abreitplatzes und sagte: »Die laufen hier aber nicht so, wie du es mir erklärt hast.« Ein Nicht-Pferdemensch, der mehr sah als viele Richter.

Inzwischen habe ich den Turniersport weitestgehend aufgegeben, und mein Redebedürfnis hat sich verringert. Aber wenn sich vor unserem Haus die Sonne verdunkelt, weil ein Lkw vorfährt und beginnt, Paletten mit T-Pfosten abzuladen, gehen mein Mann und ich noch immer gemeinsam zum Tor. Und stehen später stundenlang gemeinsam auf den Koppeln, um die Zaunpfähle in den Boden zu rammen.

Eine Pferdefrau, die ihr Pferd nicht im Offenstall hinterm Haus hält, hat zwar weniger Arbeit. Dafür lebt sie im Normalfall in der Stadt und muss täglich ins Büro, wo sie das viele Geld verdient, das ihr Pferd jeden Monat kostet. Sie setzt sich nach Dienstschluss ins Auto, geht unterwegs noch schnell einkaufen und fährt dann den weiten Weg zum Stall, wo ihr Liebling wohnt. Wenn sie sich beeilt, sitzt sie vielleicht um sieben auf dem Pferd, reitet eine Stunde, versorgt das Tier und steigt gegen neun wieder ins Auto.

Wenn sie um halb zehn nach Hause kommt, hat ihr Lebensgefährte längst zu Abend gegessen und langweilt sich vor dem Fernseher. Sie stellt die verschwitzten Reitstiefel zum Trocknen unter die Heizung, wo sie ihren charakteristischen Geruch verbreiten. Schnell stopft sie noch zwei Schabracken in die Waschmaschine, die schon total zugesetzt ist mit Pferdehaaren.

Der Lebensgefährte kommt in den Flur und fragt, ob sie vielleicht mal wieder aufräumen könne. Er zeigt auf die Garderobe, wo eine auseinandergebaute Kandare hängt. Auf dem Balkon wartet ein Springsattel seit Tagen auf seine Grundreinigung. Im Flur an der Wand reihen sich große Säcke mit Pferdemüsli, die es bei Loesdau im Angebot gab und für die in der Sattelkammer im Stall kein Platz mehr ist. Jetzt weiß der Lebensgefährte nicht mehr, wo er sein Fahrrad hinstellen soll.

Die Pferdefrau fragt, ob das Fahrrad nicht auf den Balkon könne, denn Müsli quillt auf, wenn es nass wird, und ein Fahrrad nicht. Aber eigentlich hat sie jetzt gar keine Zeit, die Frage zu diskutieren. Sie ist verschwitzt, hat Staubflecken im Gesicht und Stroh im Haar. Etwas essen muss sie auch noch. Während sie am Kühlschrank steht und sich ein Stück Käse in den Mund schiebt, erzählt sie ihm den neuesten Stalltratsch. Dass Beate tatsächlich überlegt, sich ein anderes Pferd zu kaufen, statt endlich mal reiten zu lernen. Dass die Heuqualität dieses Jahr ziemlich mies ist. Dass der Stallbesitzer das Longieren in der Reithalle verbieten will, obwohl er es immer noch nicht geschafft hat, einen überdachten Longierzirkel zu bauen. Der Lebensgefährte hört zu. Was bleibt ihm anderes übrig?

Dann aber endlich raus aus den Stallklamotten, schnell noch duschen und ab ins Bett. Jetzt ist es schon nach elf, und sie ist total erledigt. Wenn sie nicht spätestens um halb zwölf schläft, kann sie den Tag morgen komplett vergessen.

Ein Bekannter, dessen Frau kürzlich mit dem Reiten begonnen hat, sagte zu mir: »Inzwischen frage ich mich manchmal, wer die Frau ist, die da morgens mit mir am Frühstückstisch sitzt.«

Manche Pferdefrauenmänner fangen an zu reiten. Ich habe einen sechzigjährigen Vorstandsvorsitzenden gesehen, der sich zweimal die Woche auf dem Pferderücken quälte, mit hochgezogenen Knien in den Sattel plumpsend, seiner Frau zuliebe, deren weiträumiges Hobby er durchfinanzierte. In solchen Fällen reiten meist auch die etwaig vorhandenen Kinder, nach dem Motto: Der Wahnsinn ist nur zu ertragen, wenn alle mitmachen.

Andere Männer weigern sich strikt, auf ein Pferd zu steigen, fahren aber trotzdem mit in den Stall. Auf diese Weise haben sie Gelegenheit, ihre Frau mal zu sehen. Weil es ansonsten zu langweilig wäre, verwandeln sie sich in Supporter, auch »TT« (Turniertrottel) genannt. Sie schleppen Futtersäcke und Ausrüstung, können den Pferdehänger rückwärts einparken, wissen auf Turnieren, wo die Meldestelle ist, und haben die Telefonnummern sämtlicher Tierärzte gespeichert. Abends sitzen sie mit anderen Pferdefrauenmännern im Casino über der Reithalle, wo sie Bier trinken und über Fußball reden, während ihre Frauen hinter den großen Glasscheiben fliegende Galoppwechsel trainieren.

Wenn mehrere Pferdefrauen in einem festen System miteinander leben, nennt man das »Reitstall«. Reitställe können ganz unterschiedlich groß sein – von drei bis dreihundert Pferden (mit dazugehörigen Pferdebesitzern) ist alles denkbar. An der Spitze steht der Stallbetreiber, komischerweise häufig ein Mann. In den letzten Jahren kommt es immer öfter vor, dass eine Frau einen Reitstall übernimmt, aber mir scheint, dass die männlichen Stallbetreiber noch immer in der Überzahl sind. Erstaunlicherweise gibt es sogar Männer, die überhaupt nicht reiten können und sich trotzdem einen Reitstall kaufen. Vermutlich wissen sie vorher nicht, was sie erwartet. Das Problem sind nicht die Pferde, das Problem sind die Pferdefrauen.

Zur Verwaltung eines Pferdefrauenrudels existieren zwei Modelle. Das eine heißt Diktatur, das andere Demokratie. Beide sind gleich schrecklich.

In Diktaturen gibt es einen Diktator. Weiblich oder männlich – der Diktator regiert mit harter Hand. Er bestimmt die Geschicke nach freiem Gutdünken. Er verteilt die Boxen, kauft gutes oder schlechtes Heu, füttert viel oder wenig, lässt die Pferde auf die Koppel oder eben nicht, erhöht die Preise, erlässt Hausordnungen, Stallordnungen, Reithallenordnungen und Parkplatzordnungen, erteilt Hundeverbote, Rauchverbote, Longierverbote und

Hausverbote, erlaubt nur bestimmten Trainern den Zutritt zur Anlage und erstickt Meutereien im Keim, indem er aufmüpfige Pferdefrauen samt Pferd kurzerhand rausschmeißt. Je länger die Warteliste für eine freie Box, desto größer die Machtfülle des Diktators.

Der große Vorteil einer Diktatur besteht darin, dass sich die Pferdefrauen in ihrem Hass auf den Diktator einig sein können. Die Möglichkeit, bei jeder Gelegenheit hinter vorgehaltener Hand über den Diktator zu lästern, schafft einen gewissen Frieden in der Stallgemeinschaft. Ansonsten gibt es nämlich wenig, worin Pferdefrauen einer Meinung sind. Da jede alles besser weiß und die ultimative Methode des Pferdeumgangs entwickelt hat, sind Konflikte vorprogrammiert. In ihrer Überzeugtheit vom eigenen Weg sind Pferdefrauen erstaunlich beratungsresistent, um nicht zu sagen: dogmatisch und intolerant. Vielleicht sind es die Nachwehen der Dauerdemütigungen eines Pferdemädchenlebens, derentwegen es für Pferdefrauen so wichtig ist, in jeder Sekunde die Kontrolle zu behalten und unverbrüchlich im Recht zu sein. Manche erwachsene Pferdefrau sitzt noch immer auf der Tribüne und schaut den Kolleginnen dabei zu, wie sie alles falsch machen. Hinzu kommt, dass die Spannbreite der verschiedenen Ansätze, die in einer Stallgasse aufeinandertreffen, tatsächlich ziemlich groß ist.

Da gibt es die Turnierreiterinnen, die stets in sporenbewehrten Reitstiefeln und engen Hosen mit Strassbesatz herumlaufen, fünfmal die Woche ein hartes Lektionstraining absolvieren, ihre Pferde mit Hufeisen beschlagen lassen und High-Energy-Leistungsmüslis füttern. Am Wochenende rangiert ein TT (Ehemann oder beste Freundin) in aller Herrgottsfrühe den Mercedes G8 mit Pferdeanhänger auf den Hof. Wenn sie abends zurückkommen, hängen die hoffentlich gewonnenen Schleifen am Innenspiegel.

Aus schwindelerregender Höhe schauen diese Powerpferdefrauen auf weibliche Stallkreaturen herab, die am Wochenende in verwaschenen Jeans und Turnschuhen stundenlang neben ihrem Pferd stehen und voller Ernst und Besorgnis nicken, während eine Hufpflegerin feine Hornspäne von den Hufen raspelt und ausführliche Vorträge dazu hält, welche biomechanische Katastrophe durch ihre spezielle Bearbeitung gerade vermieden wird. Andersherum verdrehen alternativ eingestellte Pferdefrauen entsetzt die Augen, wenn Turnierreiterinnen ihr kostbares Sportgerät aus Angst vor Verletzungen den ganzen Tag in die Box stellen oder höchstens eine Stunde auf den Paddock lassen, von Kopf bis Fuß vermummt in Decken, Fliegenmasken und Bandagen.

Fröhliche Freizeitreiterinnen lassen sich die ganze Woche nicht blicken und schmeißen dann samstags einen nicht angepassten, dafür sehr bequemen Sattel aufs Pferd, um ihr untrainiertes Tier stundenlang durchs Gelände zu scheuchen. Da Pferde ihrer Meinung nach nicht aus Zucker sind, haben sie wiederum nichts als Verachtung für die Gruppe der sogenannten »Reitverweigerer« übrig, die im Pferd vor allem einen Patienten sehen, der unablässig gesund gepflegt und therapiert werden muss. Bei jedem

Kontakt mit dem Pferd findet die reitverweigernde Pferdefrau neue Beulen, Schrammen oder Knoten, hört auffällige Atemgeräusche, entdeckt Taktunreinheiten oder sogar Lahmheiten. Meist ist sie eine Anhängerin von Tierhomöopathie und Kräuterheilkunde und kann die Stunden im Stall mühelos damit zubringen, Schüßler-Salze oder Bachblüten zu kombinieren, Globuli abzuzählen und die nächste Tinktur anzurühren. Anschließend geht sie vielleicht noch ein bisschen mit dem kranken Tier spazieren und redet mit ihren Seelenverwandten ausgiebig darüber, wie traurig es sei, dass sie wegen der vielen Krankheiten überhaupt nicht zum Reiten komme. Wenn das Pferd eines Tages richtig auskuriert ist, wird sie einen ausgeklügelten Reha- und Muskelaufbau-Plan in die Tat umsetzen, an dem sie jetzt schon täglich feilt. Bis die nächste Krankheit dazwischenkommt.

Reitverweigerinnen geben ihr Geld (oder das ihres Mannes) nicht für Beritt, Ausrüstung und Geländewagen mit Anhängerkupplung aus, sondern für Osteopathie, Homöopathie, Akkupunktur, Magnetfeldtherapie, Grünlichtbestrahlung, Vitalpilze und sogenannte Tierkommunikation.

Letztere hat mit echter Pferdekommunikation nichts zu tun, sondern ist ein erstaunlich populäres Verfahren zur Anamnese, das vor allem darauf fußt, das Pferd kein einziges Mal gesehen zu haben. Die Tierkommunikatorin ist eine Art Medium. Sie sitzt gemütlich zu Hause, betrachtet ein Foto ihres jeweiligen Pferdepatienten und bringt anschließend die ausführliche Diagnose zu Papier. Obwohl sie dem Tier noch nie begegnet ist, kennt die Kommunikatorin alle seine Leiden, von Eifersüchteleien innerhalb der Herde, Sehnsucht nach Anerkennung bis zu Rückenverspannung und Schleimbeutelentzündung. All das erzählt ihr das Pferd mittels Telepathie. Die reitverweigernde Pferdefrau zahlt 120 Euro und ist ein paar Wochen damit beschäftigt, die Anweisungen der Tierkommunikatorin umzusetzen, bis es ihr langweilig wird und sie sich der nächsten Therapiemethode zuwendet.

Der Rest der Pferdefrauen macht Equikinetic oder TTouch, Pat Parelli oder Monty Roberts, Doppellonge, Bodenarbeit, Zirsensik, Freidressur, reitet Barock, klassisch, akademisch oder eben gar nicht, stellt blaue und gelbe Hütchen auf den Platz (Dualaktivierung) oder rennt dreimal die Woche mit wirbelndem Strick hinter dem Pferd her (Join-up). Reiten ist nicht *ein* Sport, es sind Hunderte von Sportarten, oder vielleicht ist es doch kein Sport, sondern eher eine Weltsicht. Zum höchsten Glück der Erde führen jedenfalls noch mehr Wege als nach Rom.

Kein Wunder also, dass es im Reitstall ständig kracht. Manche Pferdefrauen wechseln einmal pro Jahr die Bleibe, ziehen mit ihrem Pferd von einem Stall zum nächsten, wo sich das immer gleiche Schema wiederholt: Nach einigen Wochen der Euphorie, in denen alles, vom Futter über den Hallenboden bis zur Stallatmosphäre, viel besser ist als auf der vorherigen Anlage, folgt eine Phase wachsender Unzufriedenheit, die schließlich in eskalierende Konflikte und einen erneuten Umzug mündet.

Andere bleiben und arrangieren sich zähneknirschend mit den gemischten Unzumutbarkeiten aus Futterqualität, Haltungsbedingungen und Kolleginnenmeinungen, wohl ahnend, dass es woanders nicht besser, sondern höchstens irgendwie anders wäre. Wenn der gemeinsame Hass auf den Stallbetreiber als Bindemittel nicht mehr ausreicht und das Pferdefrauenrudel vom Stadium intriganten Gelästers in den offenen Zickenkrieg übergeht, greift der Diktator mit diktatorischen Mitteln durch. Er sortiert die Boxen neu, verteilt Verwarnungen, erlässt neue Regeln oder schmeißt gleich ein paar Leute raus, um auf diese Weise den Stallfrieden wiederherzustellen.

Das Gegenmodell ist die Demokratie. Sie entsteht, wenn ein paar Pferdefrauen vom ewigen Theater in den Reitställen die Nase voll haben, selbst einen kleinen Hof pachten und ihre eigene Stallgemeinschaft gründen. In solchen Fällen gibt es keinen klaren Chef und keine feststehenden Regeln. Alles unterliegt der Absprache. Wer füttert, wer mistet, wer pflegt den Reitplatz, repariert Zäune, bestellt die nächste Heulieferung und einen Klempner für das kaputte Reiterstübchen-Klo? In welchen Kombinationen stehen die Pferde zusammen, wann kommt der Hufschmied und welcher, wann wird entwurmt und mit welchem Präparat, welches Mineralfutter ist das beste, und welcher Tierarzt soll im Notfall kommen? Jede Pferdefrau hat eine Stimme. Einstimmigkeit, Mehrheitsentscheidung, Fraktions- und Lagerbildung, wechselnde Allianzen. Schwarze Bretter mit Wochenplänen, Futterplänen,

Koppelplänen, Impfplänen und Hallenplänen. Regelmäßige Stallgemeinschaftstreffen im Reiterstübchen, wo noch mehr Pferdefrauenzeit vernichtet wird. Überlegungen zur Anschaffung eines neuen Wasserwagens, Gedanken zu einem gemeinsamen Osterausritt, die komplizierte monatliche Kostenabrechnung (»Ich habe im Februar zwei Mal für Melanie gemistet.« – »Aber du hast den Schmiedbeitrag noch nicht bezahlt.« – »Und was ist mit den Möhren, die ich immer kaufe?«). Anfängliche Euphorie geht in wachsende Unzufriedenheit über. Es gibt ja nicht mal einen chauvinistischen Stallbetreiber, den man zusammen doof finden könnte. Stattdessen gibt es eine WhatsApp-Gruppe namens »Stall«, in der man sich nach Herzenslust auf die Nerven gehen kann, auch wenn man gerade nicht beim Pferd ist.

Von all diesen Dingen erzählt die Pferdefrau ihrem Lebensgefährten, falls sie sich mal begegnen. Oder sie erzählt ihm nichts davon, was auch nicht besser ist, weil er dann ihre schlechte Laune ausbaden muss, ohne die Gründe dafür zu kennen.

Dabei hat er ohnehin wenig zu lachen. Wenn er mal mit ihr ausgehen möchte, hat sie wahrscheinlich gerade Stalldienst. Oder es ruft jemand an, während sie gerade ins Auto steigen, und sagt, dass das Pferd eine Kolik bekommt. Schaffen sie es doch ins Restaurant, riecht es unter dem Tisch nach Pferdemist, weil die Pferdefrau in der Hektik ihre zivilen Schuhe nicht gefunden hat. Wenn der Pferdefrauenmann dann ein bisschen von seiner Arbeit und den

Kollegen spricht, bekommt die Pferdefrau ihren Eskadron-Blick. Ein leichtes Schielen, abwesender Gesichtsausdruck, die Aufmerksamkeit richtet sich nach innen. Sicheres Zeichen dafür, dass sie heimlich über die neue Schabracken-Kollektion von Eskadron nachdenkt.

Falls der Pferdefrauenmann selbst ein Hobby pflegt, muss er damit rechnen, von seiner Liebsten auch noch dafür kritisiert zu werden. Denn es gibt nur ein schönes, gesundes, stilvolles, cooles, lohnenswertes Hobby auf der Welt: Pferde! Er liebt seine Playstation? Dieses ewige Rumgehocke vor dem Bildschirm ist doch total ungesund und peinlich! Angeln? Wie langweilig, und dann auch noch Tiere töten! Motorradfahren? Eine Mischung aus Umweltverschmutzung und Lärmbelästigung. Vielleicht hätte er gern ein schnittigeres Auto, aber das geht nicht, weil sie ein Fahrzeug braucht, das den Pferdeanhänger ziehen kann. Er würde gern im Urlaub zum Tauchen auf die Malediven fliegen, aber sie kann nicht so lange weg, weil das Pferd sie sonst vermisst.

Manchmal drängt es den Pferdefrauenmann zu rufen: »Wer ist dir eigentlich wichtiger, dein Gaul oder ich?« Aber er verkneift sich die Frage, weil er fürchtet, dass ihm die Antwort nicht gefallen könnte.

In »Unterleuten« verspürt Frederik irgendwann Lust, dem Pferd seiner Freundin Linda eine Handvoll Rattengift in die Futterkrippe zu werfen. In diesem Augenblick beschließt er, Rat in der größten Selbsthilfegruppe der Welt zu suchen, dem Internet. Dort trifft er im »Rossfrauenforum« andere Pferdefrauenmänner, mit denen er eine Überlebensstrategie entwickelt. Ausgangspunkt ist die Erkenntnis, dass es niemals gelingen wird, ein Pferd aus dem Leben einer Pferdefrau zu verdrängen. Und einen Feind, den man nicht besiegen kann, muss man sich zum Freund machen. Frederiks Konzept heißt »distanzierte Anteilnahme« und besteht aus einigen klaren Verhaltensregeln:

1. Zeige niemals Eifersucht, geschweige denn Ablehnung, Kritik oder auch nur Zweifel am Pferd.
2. Mache dich aber auch nicht mit dem Pferd gemein. Versuche nicht, reiten zu lernen. Lasse dich nicht zum Stallburschen erziehen. Beschränke deine Stallbesuche auf maximal alle vierzehn Tage.
3. Reagiere gelassen, wenn man deinen Respekt vor einem 600 Kilo schweren Muskelpaket als Feigheit verspottet.
4. Merke dir Grundbegriffe aus Reiterei und Pferdekunde und platziere sie maßvoll und beiläufig in euren Gesprächen. Hör zu, wenn die Pferdefrau über ihr Pferd spricht, auch wenn es Stunden dauert.
5. Lobe die Fortschritte von Pferd und Frau, auch wenn du nichts davon siehst.
6. Komme nicht auf die Idee, dich an Stallfreundschaften zu beteiligen. Diese werden sich ohnehin über kurz oder lang in bösartige Intrigen verwandeln.
7. Beschwere dich nicht über den Geruch der Pferdefrau und auch nicht über jenen ihrer Stiefel, die vor der Heizung in der Küche trocknen.

8. Schenke ihr zu jedem Geburtstag eine Regen-, Sommer-, Fliegen-, Thermo- oder Abschwitzdecke, ohne zu fragen, warum das Pferd mehr Jacken braucht als du.
9. Dass der Reitsport schweineteuer und saugefährlich ist, weiß jeder. Es bringt nichts, das Offensichtliche zu wiederholen.
10. Pferdefrauen haben auch Vorteile! Ihr Hintern bleibt bis ins hohe Alter straff, sie wollen keine Kinder und gehen nicht fremd.

Mit »distanzierter Anteilnahme« gelingt es Frederik sogar, gewisse Sympathien für den Hengst Bergamotte zu entwickeln. Immerhin ist das Pferd ein sicheres Mittel, um Linda glücklich zu machen. Und schließlich gibt es weitaus schwierigere Modelle als Pferdefrauen! Zum Beispiel … hm … lasst mal überlegen …

Was wir Pferdefrauen aus alldem ableiten sollten, ist ein Konzept zum Umgang mit Pferdefrauenmännern. Ich würde es das »Konzept der erstaunten Dankbarkeit« nennen.

Schleppt dein Mann wieder zentnerschwere Futtersäcke rund ums Haus? Steht er um vier Uhr morgens auf, um mit dir aufs Turnier zu fahren? Quält er sich auf dem Fahrrad durch tiefen Sandboden, damit ein verängstigtes Pferd an seiner Wildlederjacke schnuppern kann? Ist das nicht alles geradezu unglaublich?

1. Dein Mann erträgt dein Pferd, weil er dich liebt.
2. Dein Mann hilft dir mit deinem Pferd, weil er dich liebt.
3. Dein Mann hört sich deine Pferdestorys an, weil er dich liebt.
4. Dein Mann … Und so weiter, und so fort. Du weißt schon.
5. Wann hast du eigentlich das letzte Mal »Danke« gesagt?

Pferd und Geld

In diesem Kapitel soll es um Pferdefinanzen gehen. Wir Deutschen sind ja ein wenig verklemmt im Umgang mit Zahlen, tun in der Öffentlichkeit gern desinteressiert und zählen die Heller und Pfennige zu Hause dann umso genauer.

Dabei ist es doch eigentlich interessant, was die Dinge kosten. Jedenfalls werde ich von Nichtpferdemenschen häufig danach gefragt, wie viel Geld ein Hobby wie Reiten eigentlich verschlingt. Deshalb möchte ich hier einmal versuchen, einen konkreten, zahlenbasierten Einblick in die finanzielle Seite des Pferdesports zu gewähren.

Traditionell gilt Reiten als Reichensport. Ein Hobby des Adels, des gehobenen Bürgertums, der oberen Zehntausend. Auch meinem Mädchentraum vom eigenen Pferd stand damals unter anderem die elterliche Angst vor zu hohen Ausgaben im Weg. Schon eine Reitstunde für zwanzig D-Mark erschien meinen Eltern wie eine beträchtliche Investition, während die wöchentliche Klavierstunde, die genauso teuer war, irgendwie günstiger wirkte.

Gewiss ist Reiten kostspieliger als Tischtennis, vor allem, wenn man sich ein eigenes Pferd hält. Aber ein Hobby der oberen Zehntausend ist es heute definitiv nicht mehr. Reiten hat sich zum Breitensport entwickelt. Rund 1,3 Millionen Pferde und Ponys leben in Deutschland, von denen 98 Prozent für Freizeit und Sport genutzt werden. Laut einer Studie aus dem Jahr 2016 bezeichnen sich vier Millionen Menschen als aktive Reiter. Und dabei wurden nur die über 14-Jährigen befragt! Wenn man die Pferdemädchendunkelziffer addiert, kommt wahrscheinlich eine weitere Million Reitsportbegeisterter dazu.

Und was kostet ein Pferd nun wirklich? Wie bei den meisten guten Fragen lautet die richtige Antwort: Es kommt drauf an. Ebenso könnte man fragen, was ein Haus kostet. Oder Urlaub. Oder ein Auto. Die Spannbreite zwischen einem zehn Jahre alten Toyota und einem nagelneuen Maserati ist enorm.

Fangen wir mit den Anschaffungskosten an und beginnen am unteren Ende der Fahnenstange, also bei der billigsten Variante. Meine beiden Pferde haben jeweils rund 1 500 Euro gekostet. Das ist etwas mehr als der sogenannte Schlachtpreis (also der Betrag, den ein Pferd auf dem Schlachthof bringt). Der Grund für den günstigen Preis bestand darin, dass es sich in beiden Fällen um Notverkäufe handelte. In unverkorkstem Zustand hätte Neo 4 000 Euro gekostet. Vor dem Röntgenbefund hatte Kasimirs Züchter auf circa 13 000 Euro gehofft.

Unüblich ist eine solche Konstellation nicht. Es kommen viele Pferde auf den Markt, die wegen psychischer oder physischer »Defekte« als unbrauchbar eingestuft wurden und als Rasenmäher oder Beistellpferde ein neues Zuhause finden sollen. Nicht selten ist die »Unbrauchbarkeit« des Pferds allerdings nur falscher Haltung, falscher Behandlung oder falschem Reiten geschuldet. Ändert man die Umstände, wird aus der Mangelware ein Erfolgsprodukt. Ich habe Pferde erlebt, die als unreitbar galten und für einen Appel und ein Ei verkauft wurden. Nachdem sie in gute Hände geraten waren, nahmen sie zwei Jahre später erfolgreich an Turnieren teil. Mit etwas Glück und Geschick kann man also auch ein gutes Pferd günstig erwerben.

Legendär geworden ist die Vollblutstute Danedream, die auf einer Auktion für ein paar Tausend Euro ersteigert wurde. Wenig später gewann sie den Prix de l'Arc de Triomphe mit einem Preisgeld von 2 285 600 Euro. Sagenhafte Geschichten wie diese stacheln die Leidenschaft vieler Pferdefreunde zusätzlich an. Jedes Pferd ist ein Versprechen. Selbst auf den Wühltischen des Pferdemarkts kann immer ein Champion versteckt sein.

Das obere Ende der Fahnenstange stellt ein Pferd wie der berühmte Dressurhengst Totilas dar, den Paul Schockemöhle 2010 für zehn Millionen Euro erworben hat. Eine Investition, die er allerdings bereut haben dürfte. Aufgrund von verschiedenen Verletzungen und vielleicht auch Problemen mit seinem neuen Reiter kam Totilas im Sport nur noch eingeschränkt zum Einsatz und beendete einige Jahre später seine Karriere.

Als bislang teuerstes Pferd der Welt gilt das Rennpferd Fusaichi Pegasus, das im Jahr 2000 für über sechzig Millionen Dollar an einen Züchter verkauft wurde.

Ein Pferd kostet also zwischen 500 Euro und 60 Millionen Dollar. Was für ein absurder Sachverhalt! Kann der Wert eines lebendigen Wesens tatsächlich in einem solchen Spektrum variieren? Nun ja, der Wert vielleicht nicht, aber der Preis offensichtlich schon. Menschen sind halt eine merkwürdige Spezies – wenn's um Geld geht allemal.

Die im alltäglichen Geschäft bezahlten Preise liegen natürlich wesentlich näher beieinander. Über den Daumen gepeilt, kann man sagen: Ein solides Freizeitpferd kostet zwischen 4000 und 10000 Euro. Wer sich als ambitionierter Amateur im Turniersport profilieren möchte, gibt für ein gut ausgebildetes Nachwuchspferd vielleicht 30000 oder sogar 50000 Euro aus. Möchte man ein Pferd, mit dem man gleich erfolgreich in den schweren Klassen einsteigen kann, muss man das Doppelte aufbringen. Natürlich sind das nur Näherungszahlen, die nicht mehr als einen groben Eindruck bieten können.

Nun benötigt das Pferd noch einen anständigen Sattel, der von Zeit zu Zeit angepasst werden muss. Ein gebrauchter Konfektionssattel ist ab tausend Euro zu haben; Maßsättel einer guten Sattlerei kosten inzwischen an die 5000 Euro. Die restliche Ausrüstung wie Trense, Halfter, Stricke,

Putzzeug, vielleicht eine Winterdecke und das Zubehör für den Reiter lässt sich, wenn man bei mittlerer Qualität bleibt, für weitere tausend Euro beschaffen. Nach oben sind dem wohlhabenden Pferdefreund natürlich auch hier wenig Grenzen gesetzt.

Bedrohlicher als die Anschaffungskosten scheint den meisten Menschen (vor allem verunsicherten Pferdemädcheneltern) der monatliche Unterhalt. An dieser Stelle kursieren so eklatante Fehlvorstellungen, dass ich darauf etwas ausführlicher eingehen möchte. Ob die Pferdehaltung überraschend günstig oder sensationell teuer ist, hängt stark davon ab, wo man wohnt. In der Provinz kostet ein Pferd im Monat unter Umständen nicht viel mehr als ein Hund, in einer Großstadt ist es eher so teuer wie ein studierendes Kind.

Wer (wie ich) auf dem Land lebt und vielleicht sogar eine eigene Wiese oder etwas Pachtland besitzt, muss beim Rechnen vor allem die Futterkosten zugrunde legen. Und Pferde sind erstaunlich genügsame Tiere. Im Sommer sind sie zufrieden mit dem, was auf der Weide wächst, im Winter benötigen sie am Tag (je nach Körpergröße) etwa fünf bis zehn Kilo Heu. Falls das Tier im Sport besondere Leistungen zu erbringen hat, kann man etwas Hafer zufüttern sowie ein einfaches Mineralfutter, um Mangelerscheinungen vorzubeugen.

Insgesamt gilt beim Füttern: Weniger ist mehr. Entgegen den Verlautbarungen der Futtermittelindustrie benötigt ein Pferd keine zehn verschiedenen Spezialmüslis, Kräutermischungen und Vitaminsirups, um gesund und leistungsfähig zu bleiben. Im Gegenteil. Viele Pferdebesitzer machen die Erfahrung, dass es ihren Vierbeinern besser geht, wenn sie konservativ gefüttert werden. Als Steppentier ist das Pferd dafür gerüstet, sich auf kargen Böden von trockenem Gras zu ernähren und zu diesem Zweck sechzehn Stunden am Tag mit Fressen zu verbringen. Daran hat sich bis heute nichts geändert, auch nicht bei noch so hochgezüchteten Sportpferden.

Auch wenn die Landwirte jeden »Jahrhundertsommer«, egal, ob verregnet oder besonders trocken, dazu nutzen, die Heupreise ein weiteres Mal zu erhöhen, bekommt man in unserer Gegend einen 250-Kilo-Rundballen noch für relativ günstige dreißig Euro. Das deckt beinahe den Raufutterbedarf eines Pferds pro Monat. Wenn im Sommer ausreichend Gras wächst und die Wiese groß genug ist, entfallen die Raufutterkosten vollständig. Ein Kilo Hafer kostet etwa 25 Cent; mehr als zwei bis maximal drei Kilo am Tag würde ich einem normal arbeitenden Pferd nicht füttern, zumal wissenschaftliche Untersuchungen belegen, dass der Organismus des Pferds nur eine begrenzte Menge Stärke pro Mahlzeit verstoffwechseln kann. Ein puristischer Speiseplan spart also unter Umständen nicht nur Futterkosten, sondern auch Tierarzthonorare.

Hat man nicht das Glück, ein Pferd direkt am Haus halten zu können, gibt es in ländlichen Regionen die Möglichkeit, sich für 200 bis 250 Euro monatlich in einem Offenstall einzumieten. Futterkosten und Arbeitsleistungen sind im Preis enthalten, meist auch die Benutzung eines Reitplatzes oder sogar einer Halle.

Alle sechs bis acht Wochen müssen rund vierzig Euro für die Hufbearbeitung ausgegeben werden; ist das Pferd beschlagen, können die Kosten pro Anwendung auch 150 Euro betragen. Wurmkuren, Impfungen und regelmäßige Zahnkontrolle belaufen sich umgerechnet auf etwa zwanzig Euro im Monat. Sollte das Pferd ernsthaft krank werden, fallen natürlich Tierarztkosten an, für die stets eine Reserve vorhanden sein sollte.

Zusammengerechnet kann ein Pferd in ländlichen Gegenden also für einen monatlichen Betrag von circa 100 bis 300 Euro versorgt werden.

Ganz anders sieht es in Großstädten aus. In der Nähe von Berlin kann man für eine Box gut und gern 600 Euro zahlen. Allerdings bekommt man dafür im Normalfall auch mehrere Reithallen und Plätze mit gutem Boden zur Benutzung, vielleicht einen überdachten Longierzirkel, Führanlage, Laufband und Solarium für das Pferd, Casino mit Gastronomie für den Reiter. Hat man nicht genug Zeit, um sich angemessen um das Großstadtpferd zu kümmern, erhöhen sich die monatlichen Kosten um weitere 400 Euro für professionellen Beritt. Weil es trotz der hohen Boxenmiete sehr schwierig geworden ist, einen Reitstall kostendeckend zu führen, verlangen manche Betreiber Extragebühren für jeden zusätzlichen Handstreich der Angestellten. »Deckenservice« (An- und Ausziehen von Winter- oder Sommerdecken): 100 Euro im Monat. Anhängerstellplatz: 25 Euro. Allergiker-Box mit Spänen statt Stroh: achtzig Euro. Medikamentengabe: zehn Euro, et cetera, et cetera. So wird Reiten wieder zum Reichensport.

Es gibt ein weiteres Phänomen, das die Pferdehaltung im Vergleich zu anderen Hobbys ziemlich kostenintensiv machen kann. Es macht einfach Riesenspaß, für Pferde Geld auszugeben. Eine Nischenneurose: shopping-süchtig im Spezialsektor Reitsportartikel.

Mein Interesse an Konsum war eigentlich nie besonders hoch. Schon als kleines Mädchen bestand ich zur Verzweiflung meiner Mutter darauf, jeden Tag dieselben Jeans und dasselbe Paar Schuhe anzuziehen. Ich verstand nicht, warum ich zehn Hosen besitzen sollte, wenn es doch eine gab, die gut passte. Mir ist es nie schwergefallen, Geld zu sparen, weil ich gar nicht gewusst hätte, wofür ich es ausgeben soll. Selbst als ich anfing, mit Buchveröffentlichungen Geld zu verdienen, änderte sich zunächst wenig an meinem Lebensstil. Warum ein schickes Auto kaufen, wenn der alte Gebrauchtwagen noch super fährt? Wozu ein teures Handy, wenn es doch nur wieder in den Sand oder auf die Küchenfliesen fällt? Wofür ein High-End-Computer, wenn sich auf dem günstigen kleinen Notebook genauso gut tippen lässt? Bis heute enthält mein Kleiderschrank hauptsächlich Jeans, praktische Pullis und Jacken. Wenn ich mich für einen öffentlichen Auftritt schick machen muss, stehe ich jedes Mal vor dem Schrank und schwöre mir, dass ich so schnell wie möglich meine Garderobe auf Vordermann bringen werde. Irgendwie kommt es dann doch nicht dazu.

Mit dem Desinteresse am Konsum ist es allerdings schlagartig vorbei, wenn Pferde ins Spiel kommen. Mit zwölf sparte ich auf ein Rennrad, absolvierte Nebenjobs, sammelte Weihnachts- und Geburtstagsgeld ein. Es wurde die erste teure Anschaffung meines Lebens. Nicht, weil ich Radsport-Fan gewesen wäre, sondern weil ich das Gerät brauchte, um den steilen Berg zum Reitstall hinaufzukommen. Das erste größere Auto kaufte ich, als es darum ging, einen Pferdeanhänger zu ziehen. Heute ist meine Sattelkammer zwanzig Mal so groß und so voll wie Schuh- und Kleiderschrank zusammen. Zum echten Shopping Victim werde ich, wenn ich ein Reitsportgeschäft betrete, eine Fachmesse besuche oder einen einschlägigen Katalog aufschlage. Normalerweise wandern Werbeblättchen aus dem Briefkasten gleich in die Altpapiertonne – mit Ausnahme der Flugblätter von Krämer, Loesdau oder Pfiff, die ich durchblättere, um mir die aktuelle Winterdecken- kollektion anzusehen.

Es gibt aber auch so geniale Dinge! Gamaschen, die die Pferdebeine noch besser schützen. Gel-Pads, die den Rü- cken noch besser polstern. Gebisse, die den Pferdekiefer noch lockerer machen. Trensen, die garantiert schmerzfrei am Kopf liegen. Sättel, in denen man wie auf Wolken sitzt, und Futtermittel, die noch den schlappsten Ackergaul in ein schwebendes Dressurpferd verwandeln. All die Fotos von glücklichen Frauen neben stark bemuskelten Pferden beweisen es. Natürlich durchschaue ich die simplen Stra- tegien der Werbung. Sie wirken trotzdem. Dort das An- gebot, hier die Nachfrage. Ganz einfach. Ich liebe Baum- wollseile in verschiedenen Längen, die so wunderbar in der Hand liegen. Ich liebe das metallische Klicken nagel- neuer Karabinerhaken. Ich liebe die Farbe und den Geruch von Leder, das immer schöner wird, je länger man es benutzt. Ich liebe Lammfell und groben Filz. Ich liebe die Intelligenz von neuartigen Sattelsystemen, die sich ernsthaft bemühen, die Biomechanik des Pferdes zu berücksichtigen. Ich liebe es, einen neuen Gegenstand am Pferd anzubringen und beim Reiten hoch konzentriert darauf zu achten, ob sich feinste Änderungen in den Bewegungsabläufen ergeben. Für ein paar Tage oder Wochen kann man sich dann einbilden, dass das Pferd jetzt tatsächlich viel besser läuft, lockerer in Hals und Rücken, mit gespitzten Ohren und frei getragenem Schweif. Man kann allen Pferdebekannten erzählen, dass das neue Gebiss/Kopfstück/Trapezmuskel-Pad/Amino-Futter eine absolute Zauberwaffe ist, die sich jeder Reiter, der nicht völlig plemplem ist, sofort anschaffen sollte. Bis die Euphorie abklingt und das neue Wundermittel sich in einen Ausrüstungsgegenstand unter vielen verwandelt, der vom Pferdekörper in den Sattelschrank und innerhalb des Schranks immer weiter nach hinten wandert, um Neuanschaffungen Platz zu machen. Die Vernunft hindert mich daran, jeden Schnickschnack zu kaufen. Aber fast jeden brauche ich.

Was kauft man da nun eigentlich? Woher die Lust beim Blättern in Pferdekatalogen, das Kribbeln in Bauch und Fingern beim Durcharbeiten von Produktbeschreibungen, diese aufregende Mischung aus Gier und schlechtem Gewissen beim Anklicken des Bestellbuttons im Internet?

Gewiss hat es etwas mit Optimierungsstreben zu tun, mit dem verführerischen Versprechen, durch das richtige

Produkt noch ein weiteres Quäntchen Schönheit und Harmonie aus dem Pferd herauszuholen. Das kann wahrscheinlich nur verstehen, wer einmal an einem Koppelzaun gestanden und zugesehen hat, wie das heißgeliebte Pferd mit gewölbtem Hals und Schwebetritten über die Wiese geflogen ist. Sinnbild von Kraft und Eleganz, Reinkarnation des Pegasus, nur ohne Flügel, dafür mit einer Eigentumsurkunde, in der der eigene Name steht. Oder wer den Glücks-Kick kennt, den man im Sattel erlebt, wenn plötzlich eine Lektion klappt, an der man bislang immer gescheitert ist. Für diesen Cocktail aus Stolz, Triumph und Lebensfreude ist man doch gern bereit, die nächsten zwanzig Schabracken zu kaufen! Denn schon im Moment des Kaufs stellt man sich vor, wie großartig die nächste Reitstunde laufen wird, und so erlebt man einen Vorgeschmack auf das berühmte höchste Glück an der Kasse des Reitsportgeschäfts.

Ein anderer Aspekt ist das Bedürfnis, sich auch außerhalb von Reitstall oder Offenstall-Paddock mit dem Pferd zu beschäftigen. Am Computer, beim Futtermittelhändler, bei Betrachten des Kontostands. Eine Art Überdruckventil für aufgestaute Liebe, ähnlich wie bei einer Oma, die ihr zu selten besuchtes Enkelkind mit Schokolade und Spielzeug überschüttet. Ein Dilemma der Pferdeliebe besteht nämlich darin, dass sie sich schlecht ausdrücken lässt. Anders als Hunde oder Katzen können Pferde mit Streicheln und Kuscheln wenig anfangen. Manche schätzen ein kräftiges Kratzen an Hals oder Widerrist. Aber Küsschen und Koseworte gehen definitiv ins Leere, und ständiges Zustecken von Leckerlis schadet der Gesundheit und der Beziehung. Anders als manche Menschen mag das Pferd keinen Gefühlsüberschwang, sondern stabile Verhältnisse, verlässliche Stimmungen und klare Signale. Wohin also mit der überschwappenden Emotion? Ganz klar, ins Portemonnaie der Reitartikelhändler.

Solange der Konsumwahn nicht in Fütterungszwang ausartet, wird er dem Pferd wenigstens nicht schaden. Vorausgesetzt, man behält im Gedächtnis, dass sich das Pferd selbst nicht im Geringsten für Schabracken interessiert. Gelegentlich kann man wütenden Pferdebesitzerinnen beim Schimpfen zuhören: »Der macht einfach, was er will! Dabei gebe ich so ein Scheißgeld für ihn aus! Das weiß der überhaupt nicht zu schätzen!«

Genau. Weiß er nicht und muss er auch nicht. Shopping ist okay, solange man keine Dankbarkeit oder gar Liebe dafür erwartet.

Es gibt allerdings eine andere, noch speziellere Form von Pferdekonsum, die durchaus schädliche, ja gravierende Folgen für die Tiere haben kann. Dabei geht es nicht um das Shoppen von Pferdeartikeln, sondern von Pferden: das Pferdesammeln.

Oft beginnt es ganz harmlos mit dem ersten eigenen Pferd. Nach einer Weile stellt man fest, dass das erste Pferd ein zweites braucht, als Beistellpferd und Begleitpferd, wenn man das Pferd zum Beispiel am Haus hält, wo es natürlich einen Kumpel zur Herdenbildung benötigt, oder wenn man öfter mal mit dem Pferd verreist, wobei es viel ruhiger wäre, wenn es einen Freund dabeihätte, oder auch nur, weil man manchmal pferdebegeisterten Besuch bekommt und dann ein zweites Pferd zum Ausreiten gebrauchen kann. Aus eins mach zwei.

Als Nächstes der Gedanke an die Kinder. Die sind zwar erst zwei und vier Jahre alt, aber möglicherweise wollen sie ja irgendwann ein Pony. Also kann man das auch gleich anschaffen. Gerade gibt es ein Schnäppchen, ganz billig, noch nicht angeritten, aber eines Tages wird man ihm das Nötigste schon beibringen. Aus zwei mach drei.

Das nächste Pferd ist ein Notverkauf aus dem Nachbarstall, ein Gnadenbrotfall, der zum Schlachter gewandert wäre, wenn man ihn nicht gerettet hätte. Als Übernächstes gönnt man sich endlich mal ein richtig vielversprechendes Nachwuchspferd, einen Sportler, mit dem man in Zukunft etwas erreichen kann. Zwei Jahre später entpuppt sich der Sportler als Asthmatiker und muss auf die Rentnerweide, ein weiterer Sportler wird angeschafft. Da sind es dann schon sechs Pferde, für die man aufzukommen hat.

Jedes neue Pferd ist ein Hoffnungsträger, es birgt ein Versprechen, das die Anschaffung so verführerisch macht. Es könnte das ideale Sportpferd werden, das ideale Kinderpony, ein idealer Freizeitpartner oder auch der ideale Problemfall, den man retten, aufpäppeln, heilen und in einen ewig dankbaren Freund verwandeln kann. Wenn man sich in der Pferdewelt bewegt, laufen einem ständig Tiere über den Weg, die aus irgendeinem Grund günstig zu haben sind und vielleicht trotzdem ein geheimes Potenzial verbergen. Oder die teuer und die absoluten »Kracher« sind.

Oder die schlicht und ergreifend Hilfe brauchen. Der Reiz, sich immer wieder neu zu verlieben, ist groß. Weniger groß sind Geldbeutel und Zeitkontingent. Und ein Pferd, das man einmal übernommen hat, wird man nicht so leicht wieder los. Als tierlieber Mensch kann man es ja nicht einfach abgeben, nur weil es sich dann doch als weniger ideal erwiesen oder schlicht den Reiz des Neuen verloren hat. Man fühlt sich verantwortlich, man liebt das Tier. Die Vorstellung, dass so ein freundliches Wesen in schlechte Hände gerät, immer weiter durchgereicht wird und am Ende doch noch beim Schlachter landet, ist einfach zu schrecklich. Und selbst wenn man schweren Herzens entschieden hätte, es zu verkaufen, wäre das kein leichtes Unterfangen. Beim aktuellen Überangebot auf dem Pferdemarkt ist es gerade in den unteren Preisklassen leicht, immer neue Pferde zu erwerben, aber schwierig, sie wieder an den Mann zu bringen. So neigen Pferdebestände dazu, sich auf mysteriöse Weise zu vergrößern. Der Satz »Eigentlich wollte ich nur eins, aber …« ist an Koppelzäunen und auf Stallgassen immer wieder zu hören.

Eine gewisse Eskalationsneigung entsteht, wenn sich Pferdehobbyisten aufs Züchten verlegen. In meiner Region kenne ich einige Familien, die auf hektargroßen Koppeln hinterm Haus zwanzig oder dreißig oder sogar fünfzig Pferde halten, alle aus eigener Zucht. Es werden immer mehr, weil jeden Frühling vier bis fünf Fohlen zur Welt kommen, stets in der Hoffnung, es könnte ein Supercrack dabei sein. Jahr für Jahr stellt sich heraus, dass es sich doch nur um Durchschnittspferde handelt, von denen dann höchstens zwei mit Müh und Not verkauft werden, wahrscheinlich nicht einmal kostendeckend.

Es ist ein bisschen wie bei einer Lotterie. Der Hobbyzüchter besitzt eine oder mehrere Zuchtstuten, an deren Qualität er selbstverständlich glaubt, kauft das Sperma eines sorgfältig ausgewählten Hengstes dazu und wirft beides in eine Lostrommel, die sich elf Monate lang dreht, um dann den Gewinn auszuspucken. Hauptpreis oder Niete? Meistens ist es ein Zwischending, das künftig mit den anderen auf der Koppel steht.

Pferdesammeln muss nicht gleich die schreckliche Qualität von *animal hoarding* erreichen, bei dem Menschen immer mehr Tiere auf engstem Raum halten, in verwahrlostem Zustand, weil sie deren elementarsten Bedürfnisse nicht mehr erfüllen können. Aber auch diesseits der Schwelle zur echten Suchterkrankung kann das Pferdesammeln schlimme Folgen für die Tiere haben. Ab einer gewissen Anzahl ist ein Pferdesammler nicht mehr in der Lage, sich adäquat um die Tiere zu kümmern. Zumal Menschen mit Neigung zum Pferdesammeln oft nicht besonders gut betucht sind. So kommt es dann, dass die große Herde vielleicht jahrelang keinen Hufbearbeiter sieht, was gerade bei jungen Tieren zu Deformierungen der weichen Gelenke führen kann. Es gibt keine Impfungen, keine Wurmkur, kein Fohlen-ABC, bei dem die Kleinsten lernen, dem Menschen zu vertrauen, sich halftern und führen zu lassen. Nicht selten sind es halbwilde Pferdeverbände, die der stolze Sammler vom Zaun aus bewundert. Dann ist die Chance, für eins der unausgebildeten Tierchen mit Hufproblemen ein gutes Zuhause zu finden, erst recht traurig gering.

Ich bin natürlich keine Pferdesammlerin. Weil ich die Zusammenhänge so glasklar erkenne, bin ich davor gefeit, in dieselbe Falle zu tappen. Meine persönliche Pferdesucht habe ich im Griff. Manchmal gehe ich auf die Webseiten von großen Trainingsställen und sehe mir an, was im Bereich Dressur gerade so im Angebot ist. Ich gucke Verkaufsvideos von schwebenden Jungpferden, aber nur zur Entspannung, nur um ein bisschen zu träumen. Ich habe mir von Anfang an geschworen, niemals mehr als zwei Pferde zu besitzen. Zwei Pferde passen in einen Anhänger, mit zwei Pferden kann man wegfahren, ohne dass man ein drittes allein und verzweifelt zurücklassen muss. Zwei Pferde bedeuten überschaubaren Aufwand, zwei Pferde sind ideal. Über Reiterfrauen, die für ihre Kinder schon mal ein Pony kaufen, obwohl die Kinder noch nicht einmal alt genug sind, um sich ein Pony zu wünschen, habe ich immer nur gelacht. Wenn mich die Gier nach Zeit- und Geldverschwendung überkommt, lese ich Reitsportkataloge und bestelle neue Kandarenkinnkettenhaken oder ein paar Liter Fellglanzspray.

Neulich bin ich Pony begegnet. Pony ist ein Pony und heißt auch so, jung und niedlich, mit wunderschönen Augen. Nie zuvor habe ich ein so intelligentes Pferdchen getroffen. Zutraulich, sanft, dabei fröhlich und verspielt. Und mutig! Während die großen Pferde panisch vor einem Rasensprenger fliehen, kommt Pony näher und schaut sich das zischende Wesen neugierig an. Was man aus so einem Zaubertier alles machen kann! Ich kann sie schonend ausbilden mit all meinen Fachkenntnissen, ich kann ihr beibringen, einen kleinen Wagen zu ziehen, eines Tages kann sie den Kindern als Reitpony dienen. Und günstig war sie, ein echtes Schnäppchen, geradezu spottbillig.

Die Ponyprinzessin wohnt jetzt bei uns. Neo und Kasimir sind begeistert, ein Mädchen in der Familie zu haben. Sie kommen aus dem Brummeln und Fellkraulen gar nicht mehr heraus. Wenn ich mit Pony die ersten vorsichtigen Trainingseinheiten mache, ihr beibringe, mir am Strick zu folgen, beim Putzen stillzustehen und die Hufe zu geben, spüre ich deutlich, dass sie das Pony ist, für das ich als Neunjährige kaltlächelnd einen kleinen Finger gegeben hätte. Wie gern würde ich eine Botschaft in die Vergangenheit senden! Einen Brief an das kleine Mädchen, das ich damals war. Ich würde ein Foto von Pony beilegen.

»Guck mal!«, würde ich schreiben. »Das ist dein Pferdchen. Nur leider erst später. Aber du wirst dein Leben so einrichten, dass es eines Tages dir gehört. Ist das nicht ein Grund, sich auf die Zukunft zu freuen?«

Pony ist jetzt wirklich der letzte Neuzugang. Absolut und unverbrüchlich. Drei Pferde sind ja eigentlich schon zu viel. Die passen nicht mehr in einen Anhänger. Man könnte natürlich sagen, vier Pferde wären im Grunde besser als drei, denn wenn man vier hätte und mit zweien davon zum Seminar führe, bliebe keins allein zurück. Aber das sage ich nicht. Ich bin ja nicht blöd. Ich kenne die Mechanismen des Selbstbetrugs. Auch wenn im Gestüt

Bonhomme gerade wirklich ein gigantisch tolles Dressur-
nachwuchspferd zum Verkauf steht, ein echtes Versprechen, ein Supercrack. Kommt gar nicht in die Tüte
beziehungsweise nicht auf die Koppel. Wofür gibt es den
Reitsportartikelhandel? Drei Pferde, und Schluss. Das
schwöre ich.

Schreiben und Reiten, oder: Von der Identität

Ich bin Schriftstellerin.

In meinen Ohren klingt dieser Satz merkwürdig. Wenn ich in einem Formular die Zeile für berufliche Tätigkeit ausfüllen muss, schreibe ich »selbstständig« oder »Freiberufler« oder manchmal auch »Juristin«. Irgendwie ist Schreiben für mich kein Beruf. Es fehlt an der Regelmäßigkeit, am »Nine to five«, auch an der sozialen Interaktion und vor allem an der direkten Beziehung zum Geldverdienen. Mit dem Schreiben selbst verdiene ich ja kein Geld; meine Familie und ich leben vom Verkauf der Bücher. Das hängt natürlich zusammen, aber es sind trotzdem zwei verschiedene Dinge. Das Schreiben ist ein persönlicher, intimer Akt, der sofort ins Stocken geriete, wenn ich ihn gedanklich mit der Last des Gelderwerbs befrachten würde.

Außerdem kann man nicht den ganzen Tag mit Schreiben verbringen. Wenn »Beruf« unter anderem dadurch definiert ist, worauf wir einen Großteil unserer Zeit verwenden, dann bin ich von Beruf Mutter. Gelegentlich werden Schriftstellerinnen mit Familie als »schreibende Hausfrauen« bezeichnet, oder sie nennen sich selbst so, um der Alltagsdiskriminierung eine provokant-ironische Identifikation entgegenzuhalten. Ich fand das nie beleidigend. Eher erleichternd. Als schreibende Hausfrau kann man aufhören, so zu tun, als wäre die Schriftstellerei eine Profession.

Es gibt Phasen, in denen arbeite ich sehr intensiv an Texten. Es kommt aber auch vor, dass ich mich wochenlang gar nicht mit Literatur beschäftige. Ich habe dann einfach kein Bedürfnis danach, oder es fehlt die Kreativität. Am glücklichsten bin ich, wenn ich es schaffe, jeden Tag ein bisschen zu schreiben. Dann wächst der Text langsam und gleichmäßig wie ein Baum, und ich kann dabei zusehen, wie er seine komplexe Krone entfaltet. Das ist wunderschön.

Nun könnte man sagen: »Ist doch egal, wie viel Zeit du mit Schreiben verbringst. Du veröffentlichst Bücher, also bist du Schriftstellerin.«

Von außen betrachtet ist das bestimmt richtig. Aber für die Innenperspektive reicht das nicht. Ein Schriftsteller geht nichts ins Büro, er hat keinen Chef und keine Aufgaben, die er täglich erledigen muss. Die Schriftstellerei taugt nicht als Beruf im klassischen Sinn. Und in unserer Arbeits- und Leistungsgesellschaft ist der Beruf maßgeblich für die gesamte Identität.

Die Entscheidung, aus dem Schreiben einen Broterwerb zu machen, war tatsächlich eine der schwierigsten meines

Lebens. Als Kind und Jugendliche schrieb ich zum Zeitvertreib. Weil ich es liebte, mir Geschichten auszudenken und sie zu Papier zu bringen. Ich schrieb ohne Leser. Ich schrieb, wie ich ritt, aus Begeisterung, ohne Anleitung, ohne Ziel. Es war eine Epoche, in der Erwachsene und Kinder Dinge noch um ihrer selbst willen tun durften. Nicht aus jedem Hobby musste ein Karriereziel werden, nicht jeder Grundschüler musste schon an seinem »CV« feilen. Ich schrieb, ich ritt – und zweifelte trotzdem nicht daran, dass ich eines Tages einen »richtigen« Beruf erlernen würde, mit dem ich mich selbst und gegebenenfalls eine Familie ernähren konnte, ganz so, wie ich es von meinen Eltern kannte.

Als es soweit war, entschied ich mich für Rechtswissenschaften. Ich dachte, mithilfe eines solchen Fachstudiums könnte ich vielleicht Journalistin werden. Das hätte dann immerhin etwas mit Schreiben zu tun gehabt. Anfangs ging mir das Jurastudium gewaltig auf die Nerven. Weil ich es so langweilig fand, schrieb ich nebenher mehr denn je. Meine WG-Mitbewohnerinnen nötigten mich irgendwann zu einer Bewerbung am Literaturinstitut in Leipzig. Sie meinten, Jura sei doch gar nicht meine Leidenschaft. Das sei die Literatur.

Damals und bis heute leben wir alle in dem verrückten Irrtum, dass Arbeit glücklich machen muss. Ein Job soll nicht nur dem Lebensunterhalt dienen, sondern der Selbstverwirklichung – als ob das Selbst etwas wäre, das man ständig »verwirklichen« muss. Auf diese Weise wird der Beruf zum tragenden Pfeiler der Selbstwahrnehmung. Dieser Wahn prägt unsere Gesellschaft seit Jahrzehnten und bringt viel Stress, Unglück und Depression hervor. Trotzdem gelingt es uns nicht, die Chimäre kollektiv zu durchschauen. Anstatt den Denkfehler zu korrigieren, strengen wir uns einfach immer mehr an auf der Jagd nach beruflichem Erfolg, Selbstverwirklichung, Ich-Bestätigung. Und werden dadurch zu Selbstausbeutern mit Stresskrankheiten. Gut für die Leistungsgesellschaft, schlecht für die Zufriedenheit.

Mitte der Neunziger, als ich mit der Immatrikulation am Literaturinstitut den ersten Schritt tat auf dem Weg von der Schreibenden zur Schriftstellerin, war die berufliche Selbstverwirklichungswelle auf dem Höhepunkt. Vielleicht glaubten wir jungen Menschen auch an die große Liebe. Aber vor allem glaubten wir, egal, ob Männer oder Frauen, dass im Job das Glück zu finden sei. Die einen wollten eine Arbeit, bei der sie viel reisen konnten. Die anderen wollten viel Geld, oder sie wollten die Welt verbessern oder ihre Kreativität ausleben. Hauptsache im Beruf. Einen tollen Job zu finden war gleichbedeutend mit »jemand werden«. Als freischaffender Künstler von der Kunst leben zu können war der Traum von unzähligen jungen Leuten. Es galt als Gipfel der Selbstverwirklichung.

Also immatrikulierte ich mich auf Drängen meiner Freundinnen am Literaturinstitut Leipzig, um herauszufinden, ob Schreiben vielleicht doch mehr war als ein privates Freizeitvergnügen. Kurz darauf geriet die Literaturszene in eine mächtige Umbruchphase. Während das erfolgreiche Veröffentlichen jahrzehntelang Männersache gewesen war und sich die Hauptabonnenten der öffentlichen Aufmerksamkeit (Grass, Walser & Co.) bereits in fortgeschrittenem Alter befanden, kam mit Judith Herrman plötzlich eine junge Frau auf den Markt, die Unmengen von Büchern verkaufte. Innerhalb der Branche bedeutete das eine Art Revolution. Die Verlage begannen, gezielt nach jungen Autorinnen Ausschau zu halten, die auf lakonische oder schnodderige Weise das zeitgenössische Lebensgefühl beschrieben. Das Fräuleinwunder in der Popliteratur war geboren.

Auf meine Pläne hatte das erst einmal wenig Auswirkung. Zwar erschien auch mir der Gedanke verführerisch, als junger Mensch von der Literaturszene gefeiert zu werden und es dabei gleich den Kommilitonen heimzuzahlen, die meine Texte in den Leipziger Schreibseminaren immer so brutal verrissen. Aber meine bürgerliche Prägung und mein Sicherheitsbedürfnis waren zu stark, um mich solchen Verlockungen tatsächlich hinzugeben. Ich wollte mich in meinem künftigen Leben nicht mit Geldsorgen herumschlagen. Ich wollte nicht als Dauer-Stadtschreiber von einer mittelgroßen Stadt in die nächste ziehen. Vor allem wollte ich mein Schreiben nicht gefährden. Wie soll man selbstvergessen und frei an einem Text arbeiten, wenn man gleichzeitig weiß, dass man mit diesem Text unbedingt erfolgreich sein muss, weil nicht nur die künstlerische, sondern auch die wirtschaftliche Existenz davon abhängt? In meiner Welt sind Schreiben und Schriftsteller-Sein zwei Dinge, die sich eigentlich gegenseitig ausschließen.

Selbst als meine ersten Bücher erschienen und ich anfing, mit Lesungen Geld zu verdienen, kam ich nicht auf die Idee, das Jurastudium aufzugeben. Im Gegenteil fing es langsam an, mir Spaß zu machen. Ich schloss das erste Staatsexamen ab, ich erwarb noch einen Master im Internationalen Recht, ich trat ins Referendariat ein.

Zu diesem Zeitpunkt entwickelte sich zwar nicht das Schreiben, aber meine Autorenexistenz eben doch zu einem echten Job. Gerade von jungen Autorinnen erwartete der Literaturbetrieb maximale Präsenz, und ich hatte noch nicht gelernt, Nein zu sagen. Ich fuhr auf Hunderte von Veranstaltungen, trat im Fernsehen auf, gab Interviews, schrieb Essays, bekam Preise und Stipendien, reiste zum Erscheinen meiner Übersetzungen in viele Länder. Mein Versuch, »nebenher« das juristische Referendariat zu absolvieren, gestaltete sich immer kräftezehrender. Während der Vorbereitung zum Zweiten Juristischen Staatsexamen geriet ich an die Grenzen. Nach dem Examen wusste ich, dass ich mich entscheiden musste. Aus dem Ministerium gab es Signale, dass ich mich auf eine Richterstelle bewerben könnte.

Schriftstellerin oder Richterin? Ein Leben für die Literatur oder für die Justiz? Ich zerbrach mir nächtelang den Kopf. Am Ende schickte ich die Bewerbung auf die Richterstelle nicht ab. Stattdessen tat ich, was ich eigentlich nie gewollt hatte: Ich machte mein Hobby zum Beruf. Warum? Vielleicht Eitelkeit. Vielleicht auch das Gefühl, der literarische Erfolg sei ein Geschenk, das ich nicht von mir weisen dürfe. Am schwersten wog der Ruf der Freiheit. In kaum einem anderen Beruf lebt man so ungebunden wie als Schriftsteller. Ich brauche nichts außer einem kleinen

Notebook, zur Not auch nur Stift und Papier, um meine Tätigkeit auszuüben. Ich kann überall schreiben und zu jeder Uhrzeit. Auf den ersten Blick ist das ein Traumjob, keine Frage. Trotzdem fürchtete ich mich davor, und wie sich herausstellte, nicht ganz zu Unrecht.

Bald zeigte sich, dass die Tücken des freien Schriftstellerlebens weniger im finanziellen als im psychologischen Bereich lagen. So verlockend freie Zeiteinteilung sein mochte – nach Ende der Juraausbildung fehlte meinen Tagesabläufen jedes Gerüst. Ich ging selten vor vier Uhr morgens ins Bett und stand erst um elf wieder auf. Um wenigstens eine gewisse Regelmäßigkeit zu errichten, nahm ich mir vor, vier Stunden täglich am Computer zu verbringen. Besser sechs Stunden. Als Richterin hätte ich mindestens acht Stunden am Tag gearbeitet, also schien mir dieser Anspruch nicht zu hoch gegriffen.

Es lief schlecht. Das Problem bestand nicht in mangelndem Antrieb oder fehlender Disziplin. Brav absolvierte ich mein tägliches Pensum an der Tastatur. Aber die Idee vom bürgerlichen Arbeitsleben passte nicht zu meinem Schreibprozess. Es hatte immer Phasen gegeben, in denen ich gar nicht oder nur wenig schrieb, nur ein paar Notizen oder kleine Tagebucheinträge zwischendurch. In anderen Phasen war ich unheimlich produktiv. Dann flossen zehn Seiten oder mehr aus mir heraus, aber nicht from nine to five, sondern eben irgendwann.

Paradoxerweise hatte ich häufig besonders intensiv geschrieben, wenn ich eigentlich gar keine Zeit dazu hatte.

Mein erster Roman »Adler und Engel« entstand während der Vorbereitung aufs erste Staatsexamen, mein zweiter Roman »Spieltrieb«, während ich fürs zweite Staatsexamen lernte.

Das Schreiben war geistiger Ausgleichssport gewesen, etwas, das ich nur für mich tat. Genau wie als Kind. In der intimen Privatheit der eigenen Fantasie konnte ich mich austoben, abreagieren, dem Alltag entfliehen. Ich musste mich nicht fragen, ob die Texte gut, spannend, verkäuflich seien. Denn ich war ja Juristin beziehungsweise auf dem besten Weg, eine zu werden. Niemand konnte mir das Recht nehmen, nach absolviertem Lernpensum kreativ in die Tasten zu hauen.

Aber jetzt gab es keine Staatsexamen mehr, hinter denen ich mich und meine Texte verstecken konnte. Jetzt gab es nur noch mich, den Computer und ein Romanprojekt namens »Schilf«. Vier bis sechs Stunden täglich mühte ich mich damit ab und versuchte dabei, meinem Alltag eine gewisse Regelmäßigkeit zu geben. Aufstehen, Joggen, Frühstück, dann schnell an den Rechner und bitte auch sitzen bleiben. Nicht ständig zum Kühlschrank rennen, nicht im Internet Zeitung lesen oder Schach spielen, nicht mit Staubsaugen oder Fensterputzen beginnen, selbst wenn die innere Unruhe noch so stark wird.

Es funktionierte nicht. Zwar konnte ich mich zum Schreiben zwingen. Aber was ich schrieb, gefiel mir nicht. Von Tag zu Tag wurde ich unglücklicher.

Man nennt das eine Schreibkrise. Ich hatte davon gehört, aber noch nie eine gehabt. Jetzt erfuhr ich, wie schrecklich das ist. Das Schreiben stand viel zu sehr im Zentrum. Ich dachte ständig darüber nach. Es hatte nichts Beiläufiges, Lustvolles mehr. Es war zu einer Verpflichtung geworden, die ich täglich erfüllen musste. Nicht nur zur Sicherung des Lebensunterhalts, sondern auch zum Erwerb einer Existenzberechtigung. Um mir zu beweisen, dass ich eine Aufgabe hatte, einen Beruf. Dass ich nicht nur müßig zu Hause rumhing, viel rauchte und die Zeit totschlug, sondern jemand oder »etwas« war. Schriftstellerin eben. Und Schriftsteller beschäftigen sich nun einmal mit Schreiben, was denn sonst? Meine Schreibfähigkeit reagierte wie ein scheues Tier, das sich zurückzieht, wenn es sich angestarrt und bedrängt fühlt.

Es kam so weit, dass ich monatelang nichts anderes tat, als die erste Seite von »Schilf« immer wieder neu zu formulieren. Mir wurde klar, dass die Sache wahnhafte Züge annahm. Ich fühlte mich grauenvoll. Ich wählte die Flucht zurück und begann eine rechtswissenschaftliche Promotion. Was für eine Erleichterung! Nun war ich wieder Juristin, ich ging in die Bibliothek und recherchierte für meine Doktorarbeit. Wenn ich Lust hatte, schrieb ich, meistens spätabends, nur für mich, einfach so, nebenher. Mit »Schilf« ging es plötzlich wieder gut voran.

Eine Lektion hatte ich gründlich gelernt: Ich konnte schreiben, aber ich konnte nicht Schriftstellerin sein. Vom Schriftstellersein bekam ich Schreibkrisen. »Schilf« wurde fertig. Die Doktorarbeit auch. Da stand ich wieder im gefühlten Nichts.

Dann kam Neo.

Ein Vorteil von Pferden ist, dass sie, wenn man möchte, sehr zeitintensiv sein können. Sie sind in der Lage, nicht nur überflüssiges Geld, sondern auch überflüssige Zeit restlos zu absorbieren. Kaum war Neo mitsamt seinen zahlreichen Neurosen bei uns, verwandelte er sich in einen Job, dem ich täglich ein paar Stunden widmete. An manchen Tagen kam ich erst abends von den Koppeln zurück, mit einem leicht mulmigen Gefühl im Magen, weil ich den ganzen Tag beim Pferd verplempert hatte. Dann reichte der innere Druck aus, um nach dem Abendessen noch ordentlich in die Tasten zu hauen.

Durch die Pferde hat sich mein Leben stark verändert. Statt ständig vor dem Rechner zu sitzen, bin ich viel an der frischen Luft. Trotzdem schreibe ich im Ergebnis nicht weniger, sondern sogar mehr als früher. Rückblickend stelle ich fest, dass längere Computerzeiten bei mir einfach nicht zu längeren Schreibzeiten führten. Ich war eine Meisterin der Schreibvermeidung bei gleichzeitiger Arbeitssimulation. Ich las ausgiebig SPIEGEL ONLINE. Ich verwendete jede Menge Zeit auf Kommunikation, wobei ich mir einredete, dass E-Mails notwendiger Teil meiner Arbeit seien. Ich postete auf Facebook, ich spielte Online-Schach und guckte aus dem Fenster. Währenddessen plagten mich auch noch Schuldgefühle, weil ich mich ja unablässig vor dem Schreiben drückte. Das hatte etwas Zermürbendes.

Inzwischen quäle ich mich nicht mehr am Computer. Ich gehe zum Pferd. Dann bin ich eben keine Schriftstellerin, sondern Pferdetante. Das fühlt sich richtig an, auch wenn es in keine Formularspalte passt.

Wenn ich heute am Schreibtisch sitze, so wie jetzt gerade, während ich diese Zeilen tippe, arbeite ich dafür viel konzentrierter. E-Mails, SPIEGEL ONLINE und Facebook habe ich mir abgewöhnt. Höchstens googele ich zwischendurch mal kurz nach Pferde-Inhalationsgeräten, weil Kasimir Husten hat. Ansonsten mache ich mir Gedanken und bringe sie aufs virtuelle Papier. Muss ich ja auch, denn in anderthalb Stunden kommt schon die Hufpflegerin. Bis dahin muss die Pferdefamilie von der Koppel geholt und in Reih und Glied aufmarschiert sein, am besten mit guter Laune und vorgereinigten Hufen. Vielleicht schaffe ich es danach noch kurz zu reiten, bevor ich die Kinder aus Schule und Kita abhole.

Vor drei Jahren hatte ich die Idee, meine Nicht-Schriftsteller-Existenz auf neue Füße zu stellen und professionelle Pferdeverhaltenstherapeutin zu werden. Ich absolvierte eine zweijährige Ausbildung und bestand die Prüfung. Jetzt könnte ich eine Homepage bauen, T-Shirts drucken, Werbeflyer in den Reitställen der Umgebung auslegen und Videos von meinen Erfolgen in die sozialen Netzwerke stellen. In Formularen würde ich dann »Pferdetrainerin« in die Spalte mit der Berufsbezeichnung schreiben, und das Identitätsproblem wäre gelöst.

Mache ich aber nicht. Irgendwie haben Literatur und Pferde etwas gemeinsam. Sie eignen sich nicht als Beruf. Jedenfalls nicht für mich.

Eine wichtige Gemeinsamkeit von Pferdetrainern und Schriftstellern (oder anderen Künstlern) besteht darin, dass sie gleichermaßen lernen müssen, mit ihren Emotionen zu arbeiten. Sie müssen das Energielevel hoch- und runterfahren können, Identifikationen entstehen und vergehen lassen, das innere Klima quasi auf Knopfdruck ändern. Und dann gibt es noch eine weitere Gemeinsamkeit: Für beide Tätigkeiten ist es wichtig, nicht zu viel zu wollen.

Ein guter Pferdetrainer hat zwar ein Ziel vor Augen (zum Beispiel, das Pferd in den Anhänger zu verladen). In der konkreten Arbeit nimmt er jedoch eine abwartende Haltung ein. Er lauscht auf alles, was das Pferd ihm sendet. Er versucht, vollständig in der gegebenen Situation anzukommen und jeden einzelnen Augenblick wahrzunehmen. Denn nicht in der Zukunft, nur im jeweiligen Moment kann er eine Veränderung bewirken, zum Beispiel den nächsten Schritt Richtung Anhänger. Diesen feiert er dann gemeinsam mit dem Pferd als großen Erfolg, bevor er im darauffolgenden Moment untersucht, was als Nächstes passieren wird.

Ein Schriftsteller hat zwar ein Ziel vor Augen (zum Beispiel die Fertigstellung eines Romans). In der konkreten Arbeit nimmt er aber eine eher abwartende Haltung ein. Er lauscht auf alles, was in ihm vorgeht, während er sich in seine Geschichte hineinträumt. Er versucht, vollständig in der ausgedachten Situation anzukommen und jeden einzelnen Moment wahrzunehmen. Denn nicht in der Zukunft, nur im jeweiligen Augenblick kann er eine Veränderung bewirken, zum Beispiel den nächsten Satz. Diesen feiert er still für sich als schönen Erfolg, bevor er im darauffolgenden Moment untersucht, was als Nächstes passieren wird.

In den meisten herkömmlichen Berufen geht es hingegen darum, möglichst viel zu schaffen. Man schuftet drauf los und hofft, bis zum Ende des Arbeitstags möglichst viele gute Ergebnisse zu erzielen. Vielleicht sind sogar Überstunden nötig, weil man selbst oder der Chef das Gefühl hat, dass es für diesen Tag noch immer nicht genug ist.

Würde man mit dieser Einstellung ans Schreiben oder Pferdeflüstern herangehen, hätte man gleich verloren. Um noch einmal Tessa, die Königin des Roundpens, zu zitieren: »Du musst dein Ego loslassen!«

Inzwischen weiß ich, was das bedeutet. Es ist leicht zu beobachten. Wenn ich mit einem widerspenstigen Pferd vor dem Anhänger stehe und den Gedanken fasse: »Oh Gott, das dauert viel zu lange, die Besitzerin schaut mich schon ganz kritisch an«, dann legt das Pferd die Ohren an und zieht rückwärts. Wenn ich beim Schreiben denke: »Oh Gott, diesen Text kriege ich niemals fertig, und wenn doch, wird ihn kein Mensch lesen wollen«, dann tippt sich die Muse an die Mütze und verschwindet hinter dem Horizont.

Schreiben oder Pferdeflüstern als Beruf ist ein bisschen, als sollte man effizient meditieren. Harmonie zum Kilopreis produzieren. Jedi-Ritter mit Rentenanspruch sein.

Identität ist das große Thema unserer Zeit. Wir wollen wissen, wer wir sind. Bewusst oder halb bewusst sind wir damit beschäftigt, unsere Identität herauszubilden, zu bestätigen und zu stärken. Als Gruppe, definiert durch Religion, Kultur oder gar Nationalität, wie es in letzter Zeit wieder Mode wird. Oder als Individuum, definiert durch Herkunft, Geschlecht, Familie oder eben den Beruf. Eine Frage wird dabei selten gestellt. Nämlich, wozu wir eine Identität überhaupt brauchen.

Ein Pferd auf der Weide hätte darauf eine eindeutige Antwort. Es würde den Kopf heben, uns angucken und lange schweigen. Dann würde es den Kopf wieder senken und weiter Gras fressen.

Die Konstruktion von Identitäten kann schreckliche Folgen zeitigen. In kollektiver Form funktionieren Identitäten stets über die Abgrenzung von »wir« und »die«. Ähnlich wie ein Gehege braucht eine Identität ein Innen und ein Außen sowie eine Grenze, die beides voneinander scheidet. Grenzen wollen verteidigt werden. Das macht kollektive Identitäten zu einer gefährlichen Angelegenheit. Wenn sie sich bedroht fühlen, verwandeln sie sich in Aggressionsgemeinschaften. Im 20. Jahrhundert haben wir auf besonders furchtbare Weise erlebt, wohin das führen kann.

In der heutigen Zeit beobachten wir den Versuch einer Rekonstruktion von »deutscher«, »weißer« oder wenigstens »westlich-abendländischer« Gruppenidentität, zum Beispiel durch das gezielte Abwerten von Migranten. Dieser besorgniserregende Trend ist unter anderem eine Folge des Scheiterns von individueller Identitätsbildung. Der Versuch, unser jeweiliges Ich als persönliches Projekt zu gestalten, erzeugt einfach viel zu hohen Druck. Gepaart mit der toxischen Angst zu versagen. Eine Frau, die sich über ihren Beruf definiert, will nicht nur Anwältin, sondern natürlich eine gute Anwältin sein. Ein Mann, der sich als moderner Vater sieht, möchte sich gewiss nicht als schlechter, sondern vielmehr als Supervater fühlen. Wenn er sich gleichzeitig noch als berufstätig (bitte erfolgreich!), sportlich (bitte regelmäßig trainieren!), guter Ehemann (bitte viel Zeit mit der Frau verbringen!) und sozial veranlagt definiert, steht bald der Burnout vor der Tür. Je mehr Rollen wir annehmen und möglichst gut ausfüllen wollen, desto mehr geraten wir unter Stress.

Das ist der fatale Mechanismus hinter dem Selbstoptimierungswahn. Individuelle Identitätsbildung erzeugt einen Leistungsautomatismus, der uns fertigmacht.

Das Pferd schaut noch einmal auf, kauend. Vielleicht schüttelt es auch kurz und heftig den Kopf. Es hat keine Meinung, sondern eine Fliege am Ohr. Dann heißt es weiterfressen.

Das individuell geformte Ich ist niemals zufrieden mit sich selbst. Denn es könnte ja in allen Rollen stets noch besser sein. Bewusst oder unbewusst fühlt es sich als Versager. Darin liegt der große Vorteil von kollektiv geformten Identitäten: Sie lassen einen in Ruhe. »Deutsch«, »christlich« oder »weiß« kann man sein, ohne sich rund um die Uhr zu verausgaben.

Das Pferd schnaubt, stampft mit dem Fuß auf und kommt an den Zaun getrottet, um einen Vorschlag zu machen.

Natürlich wissen wir nicht, ob und was Pferde denken. Trotzdem bin ich sicher, dass ein Pferd sich selbst nicht in erster Linie als »Schimmel« oder »Brauner« betrachtet. Ich vermute, dass dem Pferd die Farbe seines Fells ziemlich gleichgültig ist. Ebenso wird es sein Selbstbild nicht daraus beziehen, ob es als Kinderpony, Turnierpferd oder Acker-gaul dient. In der Herde hat es eine Rolle, das schon. Es ist Stute, Wallach oder Hengst, ranghoch oder etwas nied-riger, genau so, wie es seinem Temperament entspricht. Daran knüpfen sich bestimmte Aufgaben und Verhaltens-weisen, aber keine Identität. Ein Pferd muss sich nicht ver-bessern. Es muss in der Herde nicht aufsteigen. Es braucht keine Macht oder Anerkennung von Artgenossen, um sich gut zu fühlen. Es braucht nur seine Herde, Bewegungsfrei-heit und ausreichend zu essen.

Da steht das Pferd und schaut uns über den Zaun hinweg an. Genau genommen macht es keinen Vorschlag. Es *ist* der Vorschlag. Sei, was du bist. Zum Beispiel ein Pferd. Oder ein Mensch. Oder einfach ein Lebewesen. Mehr Identität erzeugt doch nur Unzufriedenheit und Ärger.

Aber wie schafft man das? Wie wird man frei von Selbst-bildern, die doch nur für Konflikte sorgen?

Pferde leben im Hier und Jetzt. Obwohl sie als Flucht-tiere immer mit Gefahren rechnen müssen, zerbrechen sie sich nicht den Kopf darüber, ob sie in zehn Minuten oder übermorgen oder in einem Jahr von einem Puma ange- fallen werden. Wenn *in diesem Augenblick* keine Gefahr droht, grasen sie friedlich. Wenn *in diesem Augenblick* Ge- fahr droht, sind sie sofort fluchtbereit.

Pferde besitzen durchaus ein gutes Gedächtnis. Sie mer- ken sich positive und traumatische Ereignisse und reagie- ren entsprechend, wenn die Erinnerung wachgerufen wird. Jenseits von solchen Auslösern verschwenden sie jedoch keinen Gedanken daran, was einmal war oder in Zukunft sein könnte. Anders als bei vielen Menschen kreist bei ihnen kein unkontrolliert ratternder Verstand ständig ums Hätte-Wäre-Würde.

Identität ist eine Geschichte, die in Vergangenheit und Zukunft spielt. Sie handelt davon, wo man herkommt, was man erlebt hat, was einem zusteht, wie viel man noch erreichen kann. Im jeweils gegenwärtigen Moment sind solche Fragen bedeutungslos.

Diese Erkenntnis ist das Wichtigste, was wir von Pfer- den lernen können. Wenn sie uns anschauen, sehen sie uns so, wie wir sind. Nicht, wie wir waren, wie wir sein wer- den oder wollen oder würden, wenn wir nur könnten. Sie sehen kein gehetztes Wesen, das aufgespannt ist zwischen Vergangenheit und Zukunft, bis es fast zerreißt, sondern ein lebendiges Stück jenes Seins, das wir alle miteinander teilen.

Wenn es uns gelänge, uns in den Augen eines Pferds zu spiegeln, wüssten wir, wer wir jenseits aller Identitäten und Identifikationen tatsächlich sind, in diesem Moment.

In den Augen meiner Pferde muss ich weder Schriftstellerin noch Pferdetrainerin sein. In meinen eigenen Augen eigentlich auch nicht mehr. Ich kann einfach *sein*.

So will ich es fortan halten. Denn eins habe ich seit der Zeit der Poesiealben gelernt, durch den Umgang mit Pferden, vielleicht auch durch das Schreiben dieses Buchs: Das höchste Glück der Erde liegt nicht auf dem Rücken von irgendwem. Es liegt in der vollkommenen Wahrnehmung des jeweiligen Augenblicks. Im Wunder unserer gemeinsamen Existenz.

Das Pferd guckt noch mal. Ich könnte schwören, dass es soeben ein wenig spöttisch gelächelt hat. Dann geht es wieder grasen.

Statt eines Nachworts: Glossar

Arbeit

Merkwürdigerweise benutzen Pferdeleute, die über ihr Hobby reden, gern den Begriff »Arbeit«, und zwar als Synonym für Reiten oder Trainieren. »Ich muss Fanny mindestens drei Mal die Woche arbeiten«, »Du solltest mehr Seitengänge in deine Arbeit mit Phönix einbauen«, »Imperial zeigt eine Menge Arbeitsbereitschaft«.

Vielleicht liegt es daran, dass der Reitsport eigentlich zu aufwändig ist, um einfach nur ein Hobby zu sein? Oder ist es ein soldatisches Erbe, dass Reiten keinen Spaß machen darf, sondern in jeder Minute »Arbeit« sein muss?

Andererseits spricht man ja auch von Gartenarbeit, bezeichnet Stricken als Handarbeit und das Lektorieren eines Romans als Textarbeit. Falls Arbeit in diesem Sinne bedeutet, dass man etwas mit besonderer Sorgfalt und Leidenschaft tut, passt der Begriff dann doch ganz hervorragend.

Black Beauty

Black Beauty gehört wie seine Kollegen Fury, Blitz, Ostwind und viele andere zur großen Menge pferdischer Helden, die es in Büchern und Filmen zu bewundern gibt. Häufig wird in Pferdegeschichten die menschliche Hauptrolle von einem Kind oder Jugendlichen eingenommen, die es als Einzige schaffen, ein bestimmtes Pferd zu zähmen. Auffällig oft sterben zu Beginn der Geschichte die Mutter oder sogar beide Elternteile, sodass das Kind auf dem Pferdehof von Verwandten ein neues Leben beginnen muss. Nicht selten ist dieser Hof auch noch vom Bankrott bedroht und kann am Ende durch die sportlichen Erfolge des Problempferds gerettet werden.

Im Grunde vollziehen alle diese Pferde eine klassische dramaturgische Entwicklung: vom anfänglichen Versager zum späteren Helden. Gemeinsam mit ihnen findet dann auch die kindliche Bezugsperson zu ihren Stärken. Pferde in Büchern und Filmen sind somit häufig Symbolfiguren des Erwachsenwerdens.

Dagegen wäre absolut nichts einzuwenden, und es gibt wirklich wunderschöne Pferdegeschichten. Wenn sie nur nicht so häufig das Pferd als besten Freund im menschlichen Sinn zeigen würden. Den Vierbeinern zuliebe muss man hoffen, dass nicht allzu viele Fury- und Ostwind-Fans diese Vorstellung auf die echte Pferdewelt übertragen.

Bodenarbeit

Der Begriff fasst alle Arbeitsweisen mit dem Pferd zusammen, die nicht im Sattel oder auf der Kutsche durchgeführt werden. Dazu gehören so unterschiedliche Techniken wie Doppellonge (das Lenken des Pferds mit zwei langen Leinen), Zirsensik (das Einstudieren von Zirkuslektionen), Freiheitsdressur (das Ausbilden des Pferds komplett ohne Ausrüstung), Equikinetic (eine Art Intervalltraining), akademische Bodenarbeit (das Erarbeiten von Lektionen der Hohen Schule vom Boden aus) und vieles mehr.

Während ich beim Erstellen dieses Glossars über die Bedeutung der Begriffe nachdenke, fällt mir wieder einmal auf, wie umstritten im Reitsport praktisch jede Kleinigkeit ist. Zu jedem Ausrüstungsgegenstand, jedem Futtermittel und erst recht jeder Trainingsmethode existieren starke Auffassungen, die einander nicht selten spinnefeind sind. Besonders im Internet können die Wellen in den einschlägigen Foren meterhoch schlagen. Manch einer schwört auf Doppellonge – ein anderer kritisiert den gesamten Trainingsansatz als verfehlt. Die eine will mit Equikinetic zum perfekten Muskelaufbau, die nächste arbeitet überhaupt nur vom Sattel aus und findet alles andere Pillepalle.

Wie immer, wenn viel gestritten wird, liegt die Wahrheit wohl in der Mitte. Am besten, man begreift die vielen verschiedenen Ansätze als Bereicherung, probiert alles aus und findet für sich und das jeweilige Pferd die passende

Mischung. Auf diese Weise wird vor lauter »Arbeit« auch der Spaß nicht verloren gehen.

Ethologie

Ethologie bedeutet Verhaltensforschung. Sie ist ein Teilgebiet der Zoologie und eine vergleichsweise junge Wissenschaft. Im 19. Jahrhundert hat Charles Darwin erkannt, dass Tiere zu komplexen Verhaltensweisen fähig sind, die der evolutionären Entwicklung unterliegen. Demgegenüber betrachteten Iwan Pawlow und die amerikanischen Behavioristen in der Folge von John B. Watson das Verhalten von Tieren (und Menschen) eher mechanistisch, nämlich als eine Kette von Reflexen, die von Außenreizen in Gang gesetzt wird.

Im 20. Jahrhundert entwickelte sich die Instinktforschung mit ihrem berühmten Vertreter Konrad Lorenz, die wiederum davon ausging, dass praktisch alle tierischen Verhaltensweisen angeboren (instinkt- oder triebgesteuert) seien.

Im weiteren Verlauf der Forschungsgeschichte wurde die Untersuchung von Sozialverhalten, Lernverhalten, Intelligenz und Psychologie von Tieren immer beliebter, wobei sich die Begriffe Tierpsychologie und Tiersoziologie wissenschaftlich aber nicht durchsetzen konnten.

Lange Zeit stellten Vögel, Ratten und andere wild lebende Tiere sowie Hunde, Gänse und Enten als domestizierte Nutztiere die wichtigsten Beobachtungsobjekte dar.

Das Pferd rückte vergleichsweise spät in den Blickpunkt der Wissenschaftler. Inzwischen gibt es weltweit Forscher, die in Gesellschaften wie der ISES (International Society for Equitation Science) vernetzt sind und sich zum Beispiel bei den internationalen ISES-Konferenzen treffen. Die 14. ISES-Konferenz fand im Jahr 2018 in Rom statt und widmete sich dem Thema »Equine welfare: good training, good feeding, good housing, good mental state, good health, good behaviour«. Dies zeigt anschaulich, dass die Pferde-Ethologie ethische Standards setzt. Es geht immer auch darum, die Lebensbedingungen von Pferden zu verbessern.

Nachdem anfänglich vor allem praxisorientierte Trainer aus den USA wie Monty Roberts oder Buck Brannaman den gewaltfreien Umgang mit Pferden propagierten, tragen heute private Akademien wie die Andrea-Kutsch-Akademie (AKA) und vor allem das Internationale Institut für Pferdekommunikationswissenschaften (IIPKW) von Linda Weritz maßgeblich dazu bei, das artgerechte Pferdetraining auf wissenschaftliche Grundlage zu stellen.

Seit 2006 gibt es in Deutschland auch an einigen universitären Standorten den Studiengang »Pferdewissenschaften« (Hippologie). Meist sind diese Ausbildungen stark veterinärmedizinisch und agrarwissenschaftlich geprägt. Die Freie Universität Berlin legt allerdings seit 2014 einen Schwerpunkt auf pferdegerechte Ausbildung und Verhaltensforschung.

Wie schön wäre es, wenn ethologische Erkenntnisse eines Tages ganz selbstverständlicher Bestandteil von Berufsausbildungen rund ums Pferd wären! Wenn jeder Tierarzt, Schmied oder Reitlehrer von Anfang an lernen würde, wie er ein Pferd mit Kommunikation statt mit Druck zu den erwünschten Verhaltensweisen bringen kann! Wir haben gerade erst angefangen, die ersten Schritte auf diesem Weg zu gehen.

Fellfarben

»Gute Pferde haben keine Farbe«, lautet ein kluger Spruch, der besagen soll, dass die Farbe des Fells keinerlei Rückschlüsse auf Charakter oder Temperament eines Pferdes zulässt. Trotzdem halten sich in der Pferdewelt hartnäckige Vorurteile – schwarze Pferde (Rappen) seien feurig, Schimmel (weiße Pferde) hingegen eher faul, Füchse (braun mit gleichfarbiger Mähne und Schweif) zickig und Braune (braun mit schwarzer Mähne und Schweif) zuverlässig und gut im Sport. Manche Turnierreiter berichten, dass sie mit einem Schecken (geflecktes Pferd) gar nicht ins Dressurviereck einreiten müssten, weil solche »Zirkuspferde« niemals eine angemessene Wertnote erhielten.

Auch jenseits solcher physiognomischer Irrtümer sind die Farben der Pferde eine Wissenschaft für sich. Füchse gibt es in der Ausführung Hellfuchs, Kupferfuchs, Rotfuchs, Dunkelfuchs, Kohlfuchs und normaler Fuchs. Dann gibt es auch Pferde, die wie Füchse aussehen, obwohl sie genetisch keine sind. Erblickt man ein weißes Pferd auf der Weide, ist es möglicherweise ein Schimmel, vielleicht aber auch ein stark aufgehellter anderer Farbtyp oder ein Schecke mit überwiegendem Weißanteil. Bei Rappen,

Braunen oder Füchsen kann es sich wiederum auch um Schimmel handeln, die noch nicht »ausgeschimmelt« sind, denn es dauert Jahre, bis ein echter Schimmel seine weiße Farbe erreicht. Ganz schwierig wird es, wenn das Pferd irgendwie cremefarben wirkt – Falbe, Palomino, Isabell, Lichtfuchs, Champagne oder Pearl?

Und dann noch die Abzeichen im Gesicht und an den Beinen … Blesse, Stern, Flocke, Blume, Schnippe, Laterne, weißer Kronrand, weißer Ballen, halbweiße Fessel, hochweißer Fuß, und so weiter, und so weiter …

Vielleicht bleiben wir einfach dabei: Gute Pferde haben keine Farbe.

Halfter

Eine einfache Zäumung ohne Gebiss, die man vor allem zum Führen und Anbinden des Pferdes benutzt. Meistens ist das Halfter der erste Ausrüstungsgegenstand, den ein Pferd kennenlernt. Optimalerweise sollten schon Fohlen daran gewöhnt werden.

Natürlich gibt es Halfter in allen Ausführungen und Preisklassen. Vom simplen Gebrauchsgegenstand aus Gurtmaterial bis zum Schmuckstück aus Leder mit Strassbesatz. Je nach Geschmack und Geldbeutelgröße.

Haltung

Ein Pferd in guter Haltung – dieser Ausdruck besitzt doppelte Bedeutung.

Ähnlich wie beim Bodenturnen oder Eiskunstlauf bezieht sich »Haltung« einerseits auf die Art, den Körper sportlich zu präsentieren. Beim Pferd kann man zum Beispiel über die korrekte Kopf- oder Halshaltung reden.

Aber ein Pferd in guter Haltung ist auch ein gut gehaltenes Pferd. Also eins, das unter artgerechten Bedingungen lebt. Nach meiner festen Überzeugung gehören die beiden Wortbedeutungen untrennbar zusammen.

Vieles, worüber in der Pferdewelt gestritten wird, sehe ich einigermaßen entspannt. Nicht jedoch die Haltungsfrage. Pferde sind Herdentiere, Fluchttiere und Pflanzenfresser. Alle drei Parameter führen zu einer Konsequenz: Sie brauchen Platz um sich herum. Nicht nur die zwölf Quadratmeter einer Pferdebox. Auch nicht die fünfhundert Quadratmeter eines Paddocks. Sondern am besten einen Hektar voller Weidegras. Und das wiederum nicht nur vier Stunden am Tag, sondern im Optimalfall rund um die Uhr.

Pferde sind in jeder Hinsicht Überlebenskünstler und besitzen eine hervorragende Thermoregulation. Ihre Wohlfühltemperatur liegt zwischen -5 und +15 Grad. Auch höhere und niedrigere Temperaturen können sie mühelos ausgleichen, ohne zu frieren oder gar eine Decke zu brauchen, wie viele Pferdebesitzer glauben. In einem Bereich von -15 bis +25 Grad sind Pferde thermoneutral, das heißt, sie benötigen keine zusätzliche Nahrung, um ihren Temperaturhaushalt aufrechtzuerhalten. Dem Menschen als ehemaligem Höhlenbewohner scheint das unglaublich – für einen Steppenbewohner wie das Pferd ist es ganz normal. Ein weiterer Fall, in dem wir uns davor hüten sollten, von uns selbst aufs Pferd zu schließen.

Boxenhaltung ist Knast: Mit solchen Ansichten macht man sich in der Pferdewelt nicht nur Freunde. Trotzdem bin ich an dieser Stelle ziemlich dogmatisch. Ob ich meine Pferde auch auf die Weide stellen würde, wenn sie nicht 1500, sondern 150 000 Euro gekostet hätten? Na klar. Ein Pferd kann ja nichts dafür, wie teuer es war. Es kommt auf die Welt und ist einfach nur Pferd. Mit Sozialverhalten, Bewegungsdrang, Freiheitsbedürfnis und einer Verdauung, die den ganzen Tag Gras verarbeiten will. Am Ende haben alle etwas davon – meiner Erfahrung nach sind Freigänger viel ausgeglichener und werden seltener krank.

Hilfszügel

Zusätzlich zur normalen Zäumung verwendete Lederstrippen, die Kopf und Hals des Pferdes in eine bestimmte Position bringen sollen. Die Verwendung ist – Überraschung! – ziemlich umstritten. Ich persönlich möchte ein Pferd nicht starr einrahmen, sondern mit weicher, nachgiebiger Hand zu einer bestimmten Haltung auffordern. Die Verwendung von Hilfszügeln erscheint mir wie eine reiterliche Kapitulation. Herausfordernd könnte man sagen: Wer richtig reiten kann, braucht keine Hilfszügel.

Hufe

Bei den alten Ägyptern und Römern trugen die Pferde Sandalen. Was wie ein Witz klingt, entspricht dem Stand der Forschung: Als Hufschutz verwendete man damals aus Bast oder Leder geflochtene Schuhe oder eine mit Lederriemen festgebundene Bronzeplatte. Die Notwendigkeit eines solchen Schutzes resultierte daraus, dass die Pferde in militärischer Nutzung über ihre natürlichen Grenzen hinaus beansprucht wurden, weshalb sich die Hufe vor allem auf steinigem Boden stark abnutzten.

Genagelte Hufeisen haben vermutlich die Kelten im 2. oder 1. Jahrhundert v. Chr. erfunden. Verbreitet haben sie sich im frühen Mittelalter und sind bis zum heutigen Tag gebräuchlich.

Inzwischen mehren sich Stimmen, die davon ausgehen, dass Hufeisen oft eher schaden als nutzen, weil sie den sogenannten Hufmechanismus beeinträchtigen. Unter Hufmechanismus versteht man die Verformung des vermeintlich starren Hufs, also das Weiten und Zusammenziehen bei jedem einzelnen Schritt. Moderne Untersuchungen gehen davon aus, dass diese Bewegung eine wichtige Funktion für den gesamten Stoffwechsel des Pferdes hat und möglichst nicht unterdrückt werden sollte.

Ohne sich in den (teils sehr dogmatisch geführten) Streit »Barfuß gegen Eisen« einschalten zu wollen, kann man vielleicht sagen, dass viele Pferde ihre Hufeisen schlichtweg nicht brauchen. Sie werden nicht mehr militärisch genutzt, sie traben nicht stundenlang über steinige Böden, sondern laufen auf dem Hochleistungssand moderner Reitplätze. Viele Reiter gehen allerdings davon aus, dass mit den Hufeisen Stellungsfehler der Hufe verbessert oder sogar das Gangbild korrigiert werden könne. Ein guter Hufbearbeiter ist jedoch in der Lage, den individuellen Huf auch ohne Eisen so zu formen, dass das Pferd zeit seines Lebens gesund darauf laufen kann. Und entgegen der Auffassung vieler Dressurreiter gibt es keine Belege dafür, dass Hufeisen die sportliche Leistung eines Pferdes verbessern. Erste kleine Untersuchungsreihen zeigen, dass Barhufläufer im Schnitt die gleichen Wertnoten erzielen wie Eisenträger.

Unter diesen Umständen würde ich sagen: Lassen wir den Pferden doch ihre natürliche Bewegungsform! Oft genug ist die Evolution klüger als der Mensch.

Kappzaum

Eine Zäumung ohne Gebiss, die vor allem zum Longieren und zur Bodenarbeit verwendet wird.

Laie

Viele Pferdelaien haben Angst vor Pferden. Männer nennen diese Angst gern »Respekt«. Sie sagen: »Ich habe einfach Respekt vor so großen Tieren.« Vielleicht klingt das irgendwie weniger waschlappig.

Meiner Meinung nach sollte man vor jeder Lebensform höchstmöglichen Respekt haben. Zur Angst besteht allerdings keine Veranlassung. Wenn ein Laie auf ein Pferd trifft, gilt es eigentlich nur ein paar kleine Regeln zu berücksichtigen.

Vor allem sollte man nicht vergessen, dass das Pferd immer viel mehr Angst hat als wir. In der Nähe von Pferden sollten Lärm und hektische Bewegungen vermieden werden, vor allem, wenn ein Reiter auf dem Rücken sitzt, der herunterfallen könnte, falls das Pferd in Panik gerät. Besitzt man einen Hund, der sich einen Spaß daraus macht, Pferde zu jagen, nimmt man ihn am besten an die Leine, wenn man an einer Koppel vorbeikommt oder im Wald einem Reiter begegnet. Oft treffe ich Hundebesitzer, die es besonders gut meinen und sich mit ihrem Hund regelrecht in die Büsche schlagen, um mein Pferd und mich vorbeizulassen. Das ist nett gemeint, aber leider total kontraproduktiv. Aus Sicht des Pferdes heißt das: Da verstecken sich große Tiere im Unterholz und warten auf mich – weshalb Kasimir dann regelmäßig anfragt, ob wir jetzt nicht kehrtmachen und im Jagdgalopp nach Hause rennen können. Ein Pferd ist immer dankbar, wenn es sein Gegenüber möglichst klar erkennen kann, weshalb man sich nicht verstecken und auch nicht unbedingt von hinten nähern sollte.

Eine weitere wichtige Regel lautet: Egal, wie hungrig ein Pferd guckt – bitte nicht füttern! Die Verdauung von Pferden ist sehr empfindlich. Manche Tiere bekommen beim geringsten Anlass eine Kolik, die tödlich verlaufen kann. In der Jackentasche aufgefundene Bonbons, Schokoriegel oder Brotstücke werden bestimmt gern genommen (ich kenne ein Pferd, das Salamibrote isst), können aber krank machen.

Auf der Straße dürfen sich Pferde im Rahmen der StVO bewegen. Sie sind keine störenden Hindernisse für ungeduldige Autofahrer, sondern ganz normale Verkehrsteilnehmer. Es schadet nicht, vom Gas zu gehen und den Abstand beim Überholen extra groß zu berechnen, wenn man an einem Reiter oder einer Kutsche vorbei will. Man muss sich nur einmal vorstellen, was es für Mensch und Tier bedeutet, wenn ein Pferd mit einem Auto kollidiert, wenn ein Reiter auf Asphalt stürzt oder wenn eine Kutsche umkippt. Beim Gedanken an solche Szenarien ist es vielleicht zu verschmerzen, wenn sich die Fahrzeit wegen eines Pferds um 1,5 Sekunden verlängert.

Wer als Laie Lust hat, seine Angst zu überwinden und direkten Kontakt zu einem Pferd aufzunehmen, sollte nicht zu forsch auf das Pferd zulaufen, sondern ihm lieber die Chance geben, selbst heranzukommen. Danach kann man die Hand ausstrecken, Handrücken nach oben, und das Pferd daran schnuppern lassen. Die meisten Pferde sind an Menschen gewöhnt und tolerieren es schnell, dass man sie am Hals streichelt oder die empfindliche Stelle zwischen den Augen berührt. Auch wenn man häufig Reiter sieht, die ihren Pferden zur Belohnung die flache Hand auf den Hals klatschen – wie jedes andere Wesen zieht das Pferd ein sanftes Streicheln vor, statt wie ein Schnitzel geklopft zu werden. Hat man ein scheues oder sehr unerfahrenes Tier vor sich, wird es beim Versuch, ihm den Hals zu tätscheln, möglicherweise die Flucht ergreifen.

Vielleicht ist das Pferd aber auch ein forsches Modell und reibt gleich den Kopf an der Menschenschulter oder durchsucht mal eben die Jackentaschen nach mitgebrachten Leckerbissen. Dann tut man gut daran, eine klare Grenze zu ziehen, zum Beispiel durch ein streng gesprochenes »Nein!« oder einen erhobenen Zeigefinger. Pferde wissen sehr gut, was Individualdistanz ist: nämlich jener körperliche Bereich, in den man nicht ungefragt eindringen darf. Sie respektieren einen Menschen schneller, der seine »Privatsphäre« verteidigt. Ist das einmal klargestellt, kann man recht sicher sein, dass einem das Pferd auch nicht versehentlich auf den Fuß treten wird. Andererseits schadet Wachsamkeit natürlich grundsätzlich nicht, solange man direkt neben 600 Kilo Lebendgewicht steht.

Insgesamt vermute ich, dass die Kontaktaufnahme mit einem angeleinten Dackel gefährlicher ist als ruhiger Smalltalk mit einem Pferd. Einen Versuch lohnt es allemal. Und, wer weiß – vielleicht wird es ja Pferdeliebe auf den ersten Blick?

Lebenserwartung

Pferde können ziemlich alt werden. Die Lebenserwartung hängt unter anderem von der Rasse ab – sehr reine und seit vielen Jahrhunderten gezogene Pferde wie Isländer oder Araber sowie einige Robustpferde können ein Alter von vierzig und mehr Jahren erreichen. Angehörige von Warmblutrassen, wie sie im europäischen Sportreiten verbreitet sind, werden zwanzig bis dreißig Jahre alt.

Als ältestes Pferd der Welt gilt Old Billy, der von 1760 bis 1822 in England lebte. Trotz eines harten Arbeitslebens als Treidelpferd, das Schiffe auf Kanälen zieht, erreichte Billy ein sagenhaftes Alter von 62 Jahren.

Ein Fohlen kommt nach elf Monaten Trächtigkeit zur Welt. Schon eine Viertelstunde nach der Geburt steht es auf seinen langen, wackligen Beinen, um Milch bei der Mutter zu trinken und gegebenenfalls mit der Herde fliehen zu können. Ab dem zweiten Lebensjahr verliert es seine Milchzähne. Je nach Rasse ist das Pferd mit sechs bis acht Jahren ausgewachsen. Danach beginnt seine Hauptleistungszeit. Ab dem sechzehnten Lebensjahr sinkt die Leistungsfähigkeit, wobei auch viele ältere Pferde noch lange gesund geritten werden können.

Natürlich sollte der Reifungsprozess beim Anreiten des Pferds berücksichtigt werden. Trotzdem bekommen moderne Sportpferde schon im Alter von drei Jahren den ersten Sattel aufgelegt. Rennpferde gehen mit zwei die ersten Rennen. Daraus resultieren enorme psychische und physische Belastungen für das Pferdekind, die sich negativ auf die Lebenserwartung auswirken können.

Insgesamt ist für die Pferdebiografie weniger die Rasse als die Behandlung durch den Menschen ausschlaggebend. Immer wieder kursieren erschreckende Zahlen, die die durchschnittliche (!) Lebenserwartung eines Sportpferds in Deutschland mit weniger als acht Jahren angeben. Man muss dazu sagen, dass die zugrunde liegenden Statistiken nicht sehr belastbar sind. Trotzdem bleiben starke Hinweise darauf, dass eine Menge Pferde schon in jungen Jahren buchstäblich zu Tode geritten werden. Nicht aufgrund von Unfällen, sondern weil falsches Reiten den Bewegungsapparat massiv schädigen kann. Häufige Todesursache sind auch Atemwegserkrankungen, nicht selten wegen falscher Haltung oder Fütterung.

Auf einer Koppel in unserer Nähe stand lange Jahre ein Pferderentner namens Hansi. Er war riesengroß und schneeweiß, ein ehemaliges Schulpferd. Sein Gnadenbrot wurde von einem Reitschüler gespendet, aus Dankbarkeit für Hansis treue Dienste in der Reitschule. 150 Euro im Monat dafür, dass ein altes Pferd auf einer Weide stehen darf! Mich hat es beeindruckt, dass der Schüler niemals aufhörte, für Hansis Pension zu zahlen, auch nicht, als sich zeigte, dass dieser nicht wie erwartet schnell den Löffel weglegte, sondern vielmehr vorhatte, sein Altenteil ad infinitum zu verlängern.

Als Hansi in Rente ging, waren er und sein Gönner um die zwanzig. Als Hansi dann doch noch eines Tages starb, waren beide Mitte vierzig. Wir haben alle um Hansi getrauert.

Longe

Beim Longieren wird das Pferd an einer acht bis zwölf Meter langen Leine auf der Kreisbahn in allen drei Gangarten bewegt. Während manche Pferdebesitzer das Longieren als sinnvolle Ergänzung zum Reiten betrachten, es zum Aufwärmen oder Entspannen des Pferdes oder zur Ausbildung von Jungpferden benutzen, halten andere die gleichförmige Kreisbewegung für total ungesund und sprechen abfällig vom »Zentrifugieren«.

Innerhalb der Longier-Gemeinde gibt es weitere Meinungsverschiedenheiten über die richtige Ausrüstung – mit Halfter, Trense oder Kappzaum? Unausgebunden oder ausgebunden, und wenn Letzteres, mit welcher Sorte Hilfszügel?

Oder doch lieber an der Doppellonge? Wenn man zwei Leinen zum Longieren benutzt, kann man häufiger die Richtung wechseln und differenzierter auf das Pferd einwirken. Andererseits neigen Pferde mit etwas heftigem Temperament oft dazu, sich an der Doppellonge stark zusammenzuziehen, also den Hals aufzurollen … Was soll ich sagen – wie man's macht, ist es falsch.

Losgelassenheit

Nach der Skala der Ausbildung der FN ist Losgelassenheit neben Takt und Anlehnung einer der ersten Punkte, die mit dem in Ausbildung befindlichen Pferd zu erarbeiten sind. Auf dem späteren Weg folgen Schwung, Geraderichtung und Versammlung, die mit dem Erlernen höherer Dressurlektionen einhergehen.

Sämtliche Kriterien stehen miteinander in Verbindung. Ein Pferd, das nicht losgelassen geht (also entspannt, mit schwingendem Rücken, nach vorne gedehntem Hals und guter Reaktion auf die Hilfen), wird auch nicht im sauberen Takt laufen und keine korrekte Anlehnung (weiche Verbindung zwischen Reiterhand und Pferdemaul) zulassen.

Besondere Bedeutung kommt der Losgelassenheit zu, weil sie schwierig zu erhalten ist und in der heutigen Pferdeausbildung oft vernachlässigt wird. Denn wenn ein Pferd neue Lektionen lernt, gerät es oft unter Stress, verkrampft sich und verliert seine Losgelassenheit. Anstatt dann gleich dem nächsten Ausbildungsziel hinterherzueilen, sollte ein besonnener Ausbilder lieber einen Schritt zurückgehen und die Losgelassenheit wiederherstellen. Denn ohne diese besondere Mischung aus Entspanntheit und Bewegungsfleiß ist korrektes Weiterarbeiten schlicht unmöglich.

Rassen

Mit Pferderassen ist es ähnlich wie mit Autotypen: Es gibt sie in allen Größen und Geschwindigkeiten und für die unterschiedlichsten Geldbeutel. Vom Minishetlandpony mit 160 Kilogramm Gewicht und 80 Zentimeter Stockmaß (gemessen an der höchsten Stelle des Rückens, hinter dem Halsansatz) bis zum Shire Horse mit über einer Tonne Gewicht und einem Stockmaß von rund 1,80 Meter.

Grundsätzlich unterscheidet man zwischen Ponys (bis Stockmaß 1,48 Meter) und Großpferden sowie innerhalb der Großpferde zwischen Vollblütern, Warmblütern, Kaltblütern (was nichts mit der Temperatur oder Beschaffenheit des Bluts zu tun hat), Gangpferden, Westernrassen und Spezialrassen.

Welche Pferderasse sich ein Reiter oder eine Reiterin erwählt, ist in vielerlei Hinsicht bedeutsam. Häufig sind bestimmte Pferderassen mit traditionellen Reitweisen oder

Einsatzmöglichkeiten verbunden. Es hängt also davon ab, aus welchem Kulturkreis man stammt, welche Reitweise man bevorzugt, und letztlich auch davon, was für ein Typ Mensch man ist. Kurz gesagt, es ist eine Frage der Identität. So wie sich ein VW-Polo-Fahrer von einem Ferrari-Fahrer unterscheidet, haben auch der gemütliche Fjord-pferd-Reiter und der Besitzer eines stolzen Vollbluts unter Umständen wenig gemeinsam.

In Deutschland stellt die Warmblutpferdezucht den größten Anteil der Reitpferde. Ziel der Zucht ist die Hervorbringung eines edlen Typs mit korrektem Körperbau und elastischen Bewegungen, der sich vor allem für die bei uns verbreiteten Reitsportarten (Dressur, Springen und Vielseitigkeit) sowie fürs Freizeitreiten eignet.

Vollblüter hingegen sind die schnellsten Pferde der Welt und kommen deshalb auf den Rennbahnen zum Einsatz, als Galopper oder Traber. Außerdem werden englische und arabische Vollblutpferde gern zur Veredelung anderer Rassen eingesetzt. Die arabischen Vollblüter gehören zu den ältesten Pferderassen der Welt und haben wegen ihrer Schönheit, Leistungsbereitschaft und Menschenfreundlichkeit rund um den Globus eine Menge Fans.

Kaltblutpferde, auch liebevoll als »die Dicken« bezeichnet, wurden traditionell als schwere Arbeitspferde gezüchtet und kommen heute nur noch selten zum Einsatz, zum Beispiel beim Holzrücken im Wald. Ihr Bestand ist stark zurückgegangen, seit Landmaschinen die Arbeit übernommen haben. Trotzdem gibt es nach wie vor Liebhaber dieser eindrucksvollen Riesen, die leichtere

Kaltblutrassen zum Freizeitreiten oder vor der Kutsche einsetzen.

In Nordamerika hat das Westernreiten Tradition, das sich in puncto Pferderassen, Ausrüstung und Hilfengebung von der nordeuropäischen, »englischen« Reitweise unterscheidet. Im Westernsport kommen insbesondere Quarter Horse, Paint Horse und Appaloosa zum Einsatz.

Gerade zwischen Westernreitern und »Englischreitern« herrscht oft maximales gegenseitiges Unverständnis, da schon die Grundidee vom Reitsport so verschieden ist. Das Westernreiten steht nicht in militärischer Tradition, sondern orientiert sich an der Arbeitsreitweise der Cowboys, die bis zum heutigen Tag Pferde in der Rinderwirtschaft einsetzen. Seinen Ursprung hat das Westernreiten in der »Doma Vaquera«, die im 17. Jahrhundert von spanischen Rinderhirten entwickelt wurde und heute in Spanien als Turnierdisziplin verbreitet ist. Es geht also weniger um die Perfektionierung von athletischer Leistung als um die Ausbildung eines eigenständig arbeitenden Pferds, mit dem man schwierige, manchmal auch gefährliche Aufgaben, zum Beispiel beim Umgang mit Kühen, bewältigen kann.

Westernreiter und Englischreiter kann man auf den ersten Blick unterscheiden. Sie sehen anders aus, kleiden sich anders, reden anders. Die mit Reitweise und Pferderassen verknüpften Philosophien sind anscheinend so schlecht vereinbar, dass man sich dann auch lieber in getrennten Stallanlagen versammelt. Die meisten Ställe in Deutschland betreiben entweder Western- oder englisches Sportreiten, selten beides gemeinsam.

Kleinere, aber nicht weniger leidenschaftliche Fangemeinden haben die Gangpferde- oder Spezialpferderassen, die ebenfalls jeweils für ein bestimmtes Selbstverständnis stehen. So beherrscht das in Deutschland recht beliebte Islandpferd die zusätzliche Gangart Tölt (deshalb »Gangpferd«), die sehr bequem zu sitzen ist. Weil das kleine Islandpferd als robust, zäh, ausgeglichen und leicht zu handhaben gilt, zieht es eher naturverbundene Menschen an, die gern bei jedem Wetter ins Gelände reiten. Eine Spezialrasse wie der meist schneeweiße Lipizzaner hingegen, der traditionell in der Wiener Hofreitschule für die Hohe Schule zum Einsatz kommt, wird eher für Anhänger der klassischen Dressur interessant sein, die Reiten als eine Kunstform begreifen.

Insgesamt gibt es so viele Pferderassen (nämlich über zweihundert), dass ich im Rahmen dieser groben Einteilung nicht einmal die wichtigsten aufzählen kann. Am Ende kommt es ohnehin darauf an, dass wir eins nicht vergessen: Egal, wie unterschiedlich die verschiedenen Rassen von Shire bis Shetty auch sein mögen – sie sind vor allem eins: Pferde. Äußerlich mögen sie einander so wenig ähneln wie VW und Ferrari, aber in Herz und Hirn sind sie sich über mehrere Tausend Jahre Zuchtgeschichte gleich geblieben. Winzig oder riesig, feurig oder gemütlich, sie haben alle die gleichen Instinkte, die gleichen Ängste und Bedürfnisse. Jedes einzelne verdient es, von uns artgerecht behandelt zu werden, das heißt mit Sachkunde, Liebe und vollem Respekt.

Sattel

Für die verschiedenen Reitsportarten gibt es unterschiedliche Sättel – Dressursättel, Springsättel, Vielseitigkeitssättel, Westernsättel, Barocksättel, Polosättel, Rennsättel, Wanderreitsättel et cetera. Sämtlichen Modellen ist eins gemeinsam: Sie passen meistens nicht. Dabei erfüllt der Sattel eine äußerst wichtige Funktion. Er stellt das Verbindungsstück zwischen Reiter und Pferd dar, hat Einfluss auf den gemeinsamen Schwerpunkt, sorgt für Gewichtsverteilung und Balance. Durch seine Bauweise soll er den Pferderücken davor bewahren, durch das Reitergewicht mit den Jahren Schaden zu nehmen.

Weil jeder Pferderücken anders ist, entscheiden sich Reiter, die es sich leisten können, gern für einen Maßsattel, der eigens für das spezielle Pferd angefertigt ist. Leider ist auch ein teurer Maßsattel kein Garant für gesundes Reiten. Denn viele Sattler sind zwar gute Handwerker, aber keine Pferdephysiologen. Hinzu kommt, dass der Sattel, anders als ein Maßschuh, auf einem stark bemuskelten Teil des Körpers aufliegt, der sich gerade durch sportliche Betätigung immer wieder verändert. Das Pferd baut Muskeln auf, weshalb ein Sattel unter Umständen schon nach kurzer Zeit nicht mehr passt. In einigen Fällen kann der Konfektions- oder Maßsattel im Zuge regelmäßiger Kontrollen immer wieder angepasst werden, sodass das Pferd schmerzfrei damit laufen kann. In anderen Fällen gelingt die Anpassung nicht, was sich dann über kurz oder lang am Pferderücken bemerkbar macht – das Pferd ist verspannt und schmerzempfindlich, hat oft regelrechte Dellen in der Muskulatur, zeigt seinen Unmut beim Auflegen des Sattels, läuft beim Reiten schlechter oder widersetzlich oder geht im Extremfall sogar lahm.

Meine persönliche Sattel-Odyssee umfasst zwei gescheiterte Maßsättel sowie eine Menge Konfektionssättel, die ich erworben und wieder verkauft habe, ohne für meinen etwas schief gebauten Kasimir eine akzeptable Lösung zu finden. Am Ende entschied ich mich für ein flexibles Sattelsystem, das man eigenhändig verändern kann, und arbeitete mich so weit in die Materie ein, dass ich nun in der Lage bin, die notwendigen Anpassungen selbst vorzunehmen, manchmal im Wochentakt.

Man kann natürlich auch Glück haben, und das eigene Pferd hat einen Standardrücken, auf den man einen Sattel aus dem Reitsporthandel auflegt und fröhlich davonreitet. Manche Reiter, gerade im Freizeitsportbereich, lösen das Problem aber auch, indem sie einfach nicht zu viel darüber nachdenken. Frei nach dem Motto: Passt einigermaßen, wackelt nicht zu sehr, und man sitzt herrlich bequem. Dann noch ein dickes Lammfell drunter und ordentlich festgurten – los geht's. Die meisten Pferde sind erstaunlich hart im Nehmen und strengen sich für ihre Menschen an, selbst wenn ihnen der Sattel die Schulter blockiert, in den Trapezmuskel drückt und das Atmen schwer macht. Es tut verdammt weh, wenn man daran denkt.

Sport

Die sportlichen Einsatzmöglichkeiten eines Pferds sind vielfältig. Bei Olympia starten Pferde in Dressur, Springen und Vielseitigkeit (früher Military). Bei der Dressur geht es um das Vorreiten von bestimmten Lektionen, also einstudierten Bewegungsabläufen, mit denen das Pferd seine Rittigkeit unter Beweis stellt. Beim Springen wird ein Hindernisparcours überwunden, und Vielseitigkeitsreiten ist ein Mehrkampf, der aus Dressur, Geländeritt und Springen besteht.

Außerhalb der olympischen Disziplinen gibt es den weit verbreiteten Rennsport, den Fahrsport (Kutsche) und das Westernreiten mit seinen eigenen Turnierdisziplinen wie Reining (Dressur des Westernsports), Trail (Geschicklichkeitsaufgaben) oder Cutting (Arbeit mit Rindern, zum Beispiel Trennen von der Herde). In den USA kommen Rodeos hinzu, bei denen es unter anderem darum geht, möglichst lang auf einem bockenden Pferd auszuhalten.

Immer mehr Anhänger findet in Deutschland der Distanzsport, bei dem möglichst große Entfernungen möglichst schnell mit dem Pferd zu überwinden sind, ohne das Tier zu überfordern.

In Argentinien und Großbritannien ist Polo recht verbreitet, ein Mannschaftssport, bei dem auf Pferden reitende Spieler einen Ball mit langen Schlägern ins gegnerische Tor schlagen.

Beim Voltigieren werden Turnübungen bis hin zu akrobatischen Fertigkeiten auf einem Pferd gezeigt, das sich an der Longe bewegt.

Beim Kunst- oder Trickreiten läuft das Pferd frei, mitunter in vollem Galopp, während der Reiter seine Kunststücke ausführt.

Zu nennen wären noch das Jagdreiten, berittenes Bogenschießen, Wanderreiten, Orientierungsreiten, Gangprüfungen (für Pferde mit zusätzlichen Gangarten wie zum Beispiel Tölt), Formations- und Quadrillereiten (das koordinierte Reiten von Lektionen mit einer Gruppe von Pferden), Barockreiten (klassische Dressur mit barocken Pferderassen, zum Beispiel Andalusier, Lusitanos oder Friesen, bei Präsentationen gerne auch in Kostüm) sowie viele Formen von Arbeit am Boden über Longenarbeit bis Zirsensik und Liberty/Freiheitsdressur. Auch Ritterspiele hoch zu Ross werden bis heute veranstaltet, inklusive Rüstung und Lanzenkampf. Und dann existieren auch noch eine Menge Spiele außer Polo, von denen selbst die meisten Reiter noch nie etwas gehört haben dürften (Horseball, Mounted Games oder Rolandreiten).

Mit anderen Worten: Außer Rückenschwimmen gibt es in sportlicher Hinsicht fast nichts, was man mit einem Pferd nicht machen kann.

Trense

Eine gebräuchliche Zäumung mit Gebiss. Dem Pferd wird ein Metallstück ins Maul gelegt, an dessen Seiten die Zügel befestigt sind. Wenn es dem Reiter gelingt, sein Pferd mit ruhiger und feiner Hand zu führen, kann die Trense ein wunderbares Instrument sein. Bei grober Handhabung fügt sie dem Pferd allerdings Schmerzen zu. Manche Reiter lehnen den Gebrauch einer Trense kategorisch ab, weil sie gebisslose Zäumungen für schonender halten. Das entspricht nicht unbedingt der Wahrheit – auch gebisslose Zäumungen wirken bei grobem Einsatz scharf und schmerzhaft. Wie häufig kommt es weniger auf die Ausrüstung als auf ihren tierfreundlichen und sachkundigen Gebrauch an.

Verletzungsgefahr

Reiten ist ein nicht ganz ungefährlicher Sport. Die meisten Unfälle ereignen sich dabei gar nicht im Sattel beziehungsweise im Rahmen eines spektakulären Sturzes. Sondern eher am Boden, beim Umgang mit dem Pferd. Das Pferd latscht auf den Reiterfuß, und ein paar Zehen sind gebrochen. Das Pferd tritt nach einer Wespe und erwischt versehentlich den Menschen – Nierenquetschung. Man wird gegen eine Wand gerempelt – kaputte Rippen. Oder man bricht sich einen Finger, weil das Pferd mit dem Kopf schlägt. Oder man zerrt sich auf grausame Weise den Rücken beim Versuch, einen 30-Kilo-Futtersack anzuheben.

Schlimme Stürze sind selten, aber wenn es dazu kommt, können sie verheerende Folgen haben. Kopfverletzungen sind ebenso gefürchtet wie Schädigungen der Wirbelsäule.

Vor allem im Gelände, beim Springreiten oder Military, wenn die Gefahr besteht, auf harten Untergrund oder ein Hindernis zu fallen.

Wer es unter diesen Umständen für Wahnsinn hält, sich einem Pferd zu nähern, sei darauf hingewiesen, dass es, statistisch betrachtet, immer noch weitaus gefährlicher ist, in ein Auto zu steigen als auf ein Pferd. Oder eine Treppe hinunterzugehen, oder mit nassen Füßen aus der Dusche zu treten.

Trotzdem gilt Reiten als Risikosportart, die manche Versicherer von den Leistungen einer Unfallversicherung ausschließen. Am Ende müssen wir uns wahrscheinlich freuen, dass Reiten in unserer sicherheitsverliebten Gesellschaft, die Risikominimierung häufig über Lebensfreude stellt, noch nicht verboten ist.

Zen-Buddhismus

Pferde und Zen-Buddhismus haben überhaupt nichts miteinander zu tun. Dachte ich lange. Inzwischen weiß ich es besser. Wer mehr darüber erfahren möchte, stelle sich an einen Koppelzaun. Vielleicht hebt ein Pferd den Kopf. Vielleicht sieht es aus, als hätte es kurz gelächelt …

Dann geht es wieder grasen.

Piper Gebrauchsanweisungen

gibt es zum Beispiel ...

fürs Boxen
von Bertram Job

für die Deutsche Bahn
von Mark Spörrle

fürs Fahrradfahren
von Sebastian Herrmann

für die Fußball-
Nationalmannschaft
von Michael Horeni

fürs Gärtnern
von Gabriella Pape

für das Internet
von Dirk von Gehlen

für das Jenseits
von Bruno Jonas

für Kreuzfahrten
von Thomas Blubacher

fürs Laufen
von Jochen Schmidt

für das Leben
von Andreas Altmann

fürs Lesen
von Felicitas von Lovenberg

für Pferde
von Juli Zeh

fürs Reisen
von Ilija Trojanow

fürs Reisen mit Kindern
von Jana Steingässer

fürs Schwimmen
von John von Düffel

fürs Segeln
von Marc Bielefeld

zur Selbstverteidigung
von Thomas Glavinic

fürs Skifahren
von Antje Rávic Strubel

für Tennis
von Jürgen Schmieder

für den Wald
von Peter Wohlleben

für Weihnachten
von Constanze Kleis

für Werder Bremen
von Julia Friedrichs

und außerdem ...

Notizbuch für
Weltenbummler

01/0005/01/L